"十三五"职业教育国家规划教材

气动与液压控制技术项目训练教程

（第二版）

QIDONG YU YEYA KONGZHI JISHU
XIANGMU XUNLIAN JIAOCHENG

主　编　张国军

副主编　王余扣　童永华　陈洪飞　彭二宝

新形态教材

中国教育出版传媒集团

高等教育出版社·北京

内容提要

本书是"十三五"职业教育国家规划教材,是根据教育部最新发布的《高等职业学校专业教学标准》中对本课程的要求,并参照最新颁发的相关国家标准和职业技能等级考核标准修订而成的。

本书的主要内容包括认识气压传动系统及其组成元件、组建与调试气压传动基本回路、典型气压传动系统的安装与调试、认识液压传动系统及其组成元件、组建与调试液压传动基本回路、典型液压传动系统的安装与调试六个项目。每一项目包含若干任务,各项目均由项目介绍、相关知识、操作训练、知识拓展、思考与练习等组成。

本书是新形态一体化教材,配套丰富数字化教学资源,助学助教。本书可作为高等职业院校制造类、自动化类相关专业的教材,也可作为相关行业的岗位培训教材及有关人员的自学用书。

图书在版编目(CIP)数据

气动与液压控制技术项目训练教程/张国军主编
.—2版.—北京:高等教育出版社,2019.11(2022.1重印)
 ISBN 978-7-04-053145-9

Ⅰ.①气… Ⅱ.①张… Ⅲ.①气压传动-高等职业教育-教材②液压传动-高等职业教育-教材 Ⅳ.
①TH138②TH137

中国版本图书馆CIP数据核字(2019)第277025号

策划编辑 张尕琳　责任编辑 张尕琳　班天允　封面设计 张文豪　责任印制 高忠富

出版发行	高等教育出版社	网　址	http://www.hep.edu.cn
社　址	北京市西城区德外大街4号		http://www.hep.com.cn
邮政编码	100120		http://www.hep.com.cn/shanghai
印　刷	当纳利(上海)信息技术有限公司	网上订购	http://www.hepmall.com.cn
开　本	787 mm×1092 mm　1/16		http://www.hepmall.com
印　张	11.25		http://www.hepmall.cn
字　数	261千字	版　次	2015年3月第1版
			2019年11月第2版
购书热线	010-58581118	印　次	2022年1月第2次印刷
咨询电话	400-810-0598	定　价	28.00元

配套学习资源及教学服务指南

二维码链接资源

本教材配套动画、文本、互动练习等学习资源，在书中以二维码链接形式呈现。手机扫描书中的二维码进行查看，随时随地获取学习内容，享受学习新体验。

打开书中附有二维码的页面   扫描二维码   查看相应资源

教师教学资源索取

本教材配有课程相关的教学资源，例如，教学课件、习题及参考答案、应用案例等。选用教材的教师，可扫描下方二维码，关注微信公众号"高职智能制造教学研究"；或联系教学服务人员（021-56961310/56718921，800078148@b.qq.com）索取相关资源。

本书二维码资源列表

页码	类型	说明	页码	类型	说明
003	动画	气源装置的组成	075	动画	单杆活塞式液压缸工作原理
003	动画	空气压缩机工作原理	075	动画	差动液压缸
005	动画	油水分离器工作原理	076	动画	柱塞式液压缸工作原理
005	动画	油雾器工作原理	077	动画	增压缸
006	动画	单向顺序阀工作原理	077	动画	单作用伸缩液压缸
007	动画	直动型溢流阀工作原理	077	动画	齿轮缸
007	动画	节流阀工作原理	078	动画	双作用单杆活塞式液压缸的结构
009	动画	或门型梭阀工作原理	081	动画	液压缸的缓冲装置
009	动画	膜片式快速排气阀工作原理	082	动画	外啮合齿轮液压马达工作原理
010	动画	非门和禁门元件	082	动画	叶片式液压马达工作原理及结构
010	动画	双稳元件工作原理	083	动画	轴向柱塞式液压马达工作原理及结构
013	动画	气动马达工作原理和结构	084	动画	普通单向阀工作原理
014	互动练习	项目一自测	084	动画	液控单向阀工作原理
019	大国工匠	气动专家——王祖温	086	动画	三位四通电液换向阀工作原理
031	互动练习	项目二自测	088	动画	直动式溢流阀工作原理
041	大国工匠	气动专家——李宝仁	090	动画	先导型减压阀工作原理
052	互动练习	项目三自测	093	动画	普通节流阀工作原理
058	大国工匠	控制专家——曾广商	093	动画	调速阀工作原理
058	大国工匠	流体传动与控制专家——焦宗夏	095	动画	机床工作台液压系统工作原理
063	动画	单柱塞式液压泵工作原理	096	互动练习	项目四自测
066	动画	外啮合齿轮泵工作原理	103	大国工匠	液压专家——黄志坚
069	动画	内啮合齿轮泵工作原理	103	大国工匠	液压专家——姜继海
070	动画	径向柱塞泵工作原理	110	动画	单级调压回路
074	动画	缸筒固定式双出杆活塞缸工作原理	112	动画	二级减压回路
074	动画	杆固定式双出杆活塞缸工作原理	114	动画	单作用增压器增压回路

页码	类　型	说　　　明	页码	类　型	说　　　明
116	动画	采用换向阀的卸荷回路	125	互动练习	项目五自测
116	动画	采用单向顺序阀的平衡回路	127	动画	调速阀并联的速度换接回路
117	动画	采用液控单向阀的平衡回路	134	大国工匠	液压专家——李洪人
118	动画	进油节流调速回路	134	大国工匠	液压专家——刘昕晖
118	动画	回油节流调速回路	143	互动练习	项目六自测
119	动画	旁油路节流调速回路	144	动画	M1432A 型万能外圆磨床液压系统工作原理
119	动画	采用行程阀控制的速度换接回路	148	动画	JS-1 型液压机械手液压系统工作原理
122	动画	采用液控单向阀的锁紧回路	156	动画	Q2-8 型汽车起重机液压传动系统工作原理
123	动画	采用压力继电器控制的顺序动作回路	160	动画	YA32-200 型四柱万能液压机液压系统工作原理
123	动画	采用顺序阀控制的顺序动作回路	163	大国工匠	液压专家——马文星
124	动画	采用流量阀控制的同步回路	163	大国工匠	液压专家——杨华勇
124	动画	多缸快、慢速互不干扰回路			

前　言

本书是"十三五"职业教育国家规划教材,是根据教育部最新发布的《高等职业学校专业教学标准》中对本课程的要求,并参照最新颁发的相关国家标准和职业技能等级考核标准修订而成的。

本书编写时注重反映产业技术升级,及时吸收产业发展新技术、新工艺、新规范,体现典型岗位(群)职业能力要求,坚持落实立德树人根本任务,践行社会主义核心价值观,弘扬劳动光荣、技能宝贵、创造伟大的时代风尚,体现高等职业教育课程改革的新成果。本书主要编写特色如下:

1. **体现产教深度融合。** 本书编写邀请行业企业技术人员、能工巧匠深度参与,确保理论知识和技能点的选取与国家职业技能标准,行业、企业职业技能鉴定规范和岗位要求紧密对接,紧跟产业发展趋势和行业人才需求,职业特点鲜明。例如,书中介绍的典型气压传动和液压传动控制系统及其相关技术均为目前行业企业使用的设备仪器中普遍采用的,并着重介绍相关的新技术、新应用。

2. **对接"OBE"教育理念。** 体现以能力为本位,删除与学生将来从事的工作相关度不大的纯理论性的教学内容以及繁冗的计算,以学生的"行动能力"为出发点组织教材,将基础理论知识教学与技能培养过程有机融合,通过介绍本领域的大国工匠,有机融入专业精神、职业精神和工匠精神,强化学生职业素养养成和专业技术积累,并着重培养学生的专业核心技术综合应用能力、实践能力和创新能力,教学重点、难点明确,评价标准可操作性强。

3. **注重分类施教、因材施教。** 本书在遵循职业教育国家教学标准的前提下,针对职业教育生源多样化特点,以真实生产项目、典型工作任务为载体,采用"直观认识"→"实验观察"→"动手操作"的循序渐进编写体例,合理设计教学项目,符合高职学生的学习心理和认知特点,体现了"以学生为中心""教学做合一"的教学思想,能灵活适应项目式、案例式、模块化等不同教学方式的要求。

4. **适应1+X证书制度试点工作需要。** 教材内容有机融入最新发布的职业技能等级标准的有关内容及要求,利于建设书证融通、课证融通的教材。

5. **初步实现教材立体化呈现。** 围绕深化教学改革和"互联网+职业教育"的发展需求,本书对纸质材料编写、配套资源开发、信息技术应用进行了一体化设计,初步实现教材立体化呈现。

本书主要内容包括认识气压传动系统及其组成元件、组建与调试气压传动基本回路、典型气压传动系统的安装与调试、认识液压传动系统及其组成元件,组建与调试液压传动基本回路和典型液压传动系统的安装与调试 6 个教学项目。本书适合作为高等职业院校机电类相关专业的教学用书,教学参考学时数为 56,具体分配如下:

内　　　容	学时数
项目一　认识气压传动系统及其组成元件	4
项目二　组建与调试气压传动基本回路	12
项目三　典型气压传动系统的安装与调试	12
项目四　认识液压传动系统及其组成元件	4
项目五　组建与调试液压传动基本回路	12
项目六　典型液压传动系统的安装与调试	12
总　　　计	56

　　本书由江苏联合职业技术学院无锡机电分院葛金印组织编写。江苏联合职业技术学院盐城机电分院张国军担任主编,江苏省盐城高级职业学校王余扣、江苏联合职业技术学院无锡交通分院童永华、江苏联合职业技术学院常熟分院陈洪飞、河南工业职业技术学院彭二宝担任副主编。具体分工如下:江苏联合职业技术学院盐城机电分院张国军策划全书编写思路、制订全书结构框架、编写样章、对全书进行统稿、校对和审核,策划、开发全书二维码资源及其他相关配套资源,并编写项目三及项目一、项目四部分内容;江苏联合职业技术学院苏州建设交通分院孙书娟编写项目六(部分)及相关教学资源开发;河南工业职业技术学院彭二宝编写项目五(部分)、项目六(部分)及相关教学资源开发;宿迁经贸高等职业技术学院马玲编写项目一、项目四部分内容;江苏省海门中等专业学校李建英编写项目二;江苏省海门市东洲国际学校陆建忠编写项目五(部分)及相关教学资源开发;参加编写工作和配套资源建设工作的还有安徽机电职业技术学院丁响林。

　　江苏联合职业技术学院常州刘国钧分院王猛审阅全书,对书稿提出了宝贵的修改意见,提高了书稿质量,在此表示衷心的感谢。

　　由于编者水平有限,书中错漏之处在所难免,敬请读者批评指正。

编　者

2019 年 9 月

目　　录

项目一　认识气压传动系统及其组成元件

▶ 一、项目介绍

　　随着科技的飞速发展,气压传动(简称气动)技术的应用已涉及机械、电子、钢铁、汽车、轻工、纺织、化工、食品、军工、包装、印刷等各个行业。由于它的动力传递介质是取之不尽的空气,对环境无污染,工程实现容易,所以气动技术在自动化控制领域中有着强大的生命力和广阔的发展前景。

　　本项目主要介绍气动系统的基本组成及各组成部分的结构、特点、工作原理及应用等。通过认识气动系统动力元件、认识气动系统执行元件、认识气动系统控制元件、认识气动系统辅助元件和认识气动系统逻辑元件等五个任务,增强学生对气压传动系统各部分的结构组成、工作原理和主要元件外形的感性认识,进一步巩固理论知识。

▶ 二、相关知识

(一) 气动系统的工作原理与组成

　　气压传动是以压缩空气为工作介质进行能量传递和信号传递的一种技术,由于它具有防火、防爆、节能、高效、无污染等优点,因此应用较为广泛。

　　气压传动的工作原理是利用空气压缩机把电动机或其他原动机输出的机械能转换为空气的压力能,然后在控制元件的作用下,通过执行元件把压力能转换为直线运动或回转运动形式的机械能,从而完成各种动作,并对外做功。

　　现以气动剪切机为例,介绍气动系统的工作原理。图 1-1 所示为气动剪切机的工作原理图,图示位置为剪切前的状态。

　　气动剪切机的工作过程为:空气压缩机 1 产生的压缩空气经冷却器 2、油水分离器 3、储气罐 4、分水滤气器 5、减压阀 6、油雾器 7 到达气控换向阀 9;部分气体经节流通路 a 进入气控换向阀 9 的下腔,使气控换向阀上腔弹簧压缩,气控换向阀阀芯位于上端,大部分压缩空气经气控换向阀 9 后由 b 路进入气缸 10 的上腔,而气缸的下腔气体经 c 路、气控换向阀与大气相通,此时气缸活塞处于最下端位置。当上料装置把工料 11 送入剪切机并到达规定位置时,工料压下行程阀 8,此时气控换向阀阀芯下腔压缩空气经 d 路、行程阀排入大气,在弹簧的推动下,气控换向阀阀芯向下运动至下端,压缩空气则经气控换向阀后由 c 路进入气缸的下腔,气缸上腔的气体经 b 路、气控换向阀与大气相通,气缸活塞向上运动,刀具随之上行剪断工料。工料被剪下后,即与行程阀脱开,行程阀阀芯在弹簧的作用下复位,d 路堵死,气

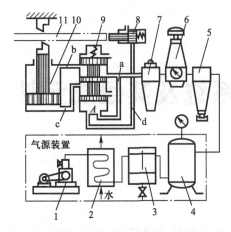
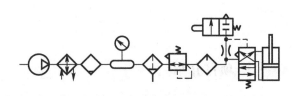

(a) 结构原理图　　　　　　　　(b) 图形符号图

1—空气压缩机；2—冷却器；3—油水分离器；4—储气罐；5—分水滤气器；6—减压阀；
7—油雾器；8—行程阀；9—气控换向阀；10—气缸；11—工料。

图 1-1　气动剪切机的工作原理图

控换向阀阀芯上移，气缸活塞向下运动，又恢复到剪切前的状态。

　　由气动剪切机的工作过程可知，刀具克服阻力剪断工料的机械能来自压缩空气的压力能，提供压缩空气的是空气压缩机；气路中的气控换向阀、行程阀起变换气体流动方向、控制气缸活塞运动方向的作用。图 1-1b 所示为使用气动元件图形符号绘制的气动剪切机工作原理图。

　　根据元件和装置的不同功能，可将气动系统分为以下五个部分：

　　1. 气源装置

　　气源装置是获得压缩空气的装置。其主体部分是空气压缩机，它将原动机供给的机械能转变为气体的压力能。

　　2. 控制元件

　　控制元件可控制压缩空气的压力、流量和流动方向，以便使执行机构完成预定的工作循环。它包括各种压力控制阀、流量控制阀和方向控制阀等。

　　3. 执行元件

　　执行元件是将气体的压力能转换成机械能的一种能量转换装置。它包括气缸、气马达、摆动马达等。

　　4. 辅助元件

　　辅助元件是保证压缩空气的净化、元件的润滑、元件间的连接及消声等所必需的，它包括过滤器、油雾气、管接头及消声器等。

　　5. 工作介质

　　工作介质在气动系统中起传递运动、动力及信号的作用。气动系统的工作介质为压缩空气。

　　(二) 气动系统基本组成元件及其选用

　　气动元件是组成气动系统的最小单元，分为气动动力元件、气动控制元件、气动执行元件和气动辅助元件四大类。

1. 气动动力元件

气动动力元件一般指气源装置，它提供清洁、干燥且具有一定压力和流量的压缩空气，以满足条件不同的使用场合对压缩空气质量的要求。气源装置一般包括产生压缩空气的气压发生装置、输送压缩空气的管路和压缩空气的净化装置三部分。气压发生装置的主体部分是空气压缩机，还包括两个辅助装置：空气净化装置和油雾器。

动画

气源装置的组成

（1）空气压缩机

空气压缩机是将机械能转换为气体压力能的装置（简称空压机，俗称气泵）。它的种类很多，一般根据工作原理可分为容积式和速度式两大类。容积式压缩机通过运动部件的位移，周期性地改变密封的工作容积来提高气体的压力，它包括活塞式、膜片式和螺杆式等常用类型。速度式压缩机通过改变气体的速度，提高气体动能，然后将动能转化为压力能来提高气体的压力，它包括离心式、轴流式和混流式等常用类型。在气动系统中多采用容积式空气压缩机。

图 1-2 所示为活塞式空压机的工作原理图。曲柄 8 做回转运动，通过连杆 7 和活塞杆 4 带动气缸活塞 3 做往复直线运动。当活塞 3 向右运动时，气缸内容积增大而形成局部真空，吸气阀 9 打开，空气在大气压的作用下由吸气阀 9 进入气缸腔内，此过程称为吸气过程；当活塞 3 向左运动时，吸气阀 9 关闭，随着活塞的左移，缸内空气受到压缩而使压力升高，当压力达到足够大时，排气阀 1 被打开，压缩空气进入排气管路内，此过程称为排气过程。图 1-2 中所示的为单缸活塞式空压机，大多数空压机是多缸多活塞式的组合。

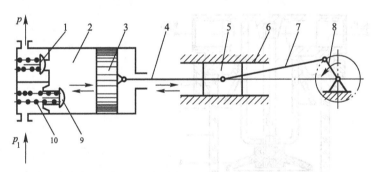

1—排气阀；2—气缸腔；3—活塞；4—活塞杆；5—十字头；6—滑道；
7—连杆；8—曲柄；9—吸气阀；10—弹簧。

图 1-2　活塞式空压机的工作原理图

动画
空气压缩机工作原理

（2）空气净化装置

在气动系统中，低压空压机多采用油润滑。由于空压机排出的压缩空气温度一般为 $140\sim170\,℃$，使空气中的水分和部分润滑油呈气态，它们与吸入的灰尘混合后便形成了水汽、油气和灰尘等混合气体。如将含有这些杂质的压缩空气直接输送给气动设备，就会给整个系统带来不良影响。因此，在气动系统中，设置除尘、除油和干燥等气源净化措施对保证气动系统正常工作是十分必要的。在某些特殊场合，压缩空气还需要经过多次净化后才能使用。压缩空气净化装置一般包括：冷却器、储气罐、空气过滤器、空气干燥器、除油器和油水分离器等。

① 冷却器。冷却器的作用是将空压机排出的气体由 140~170 ℃冷却至 40~50 ℃,使压缩空气中的油雾和水汽迅速达到饱和,大部分析出并凝结成水滴和油滴,以便经油水分离器排出。冷却器按冷却方式的不同可分为水冷式和风冷式两种。为提高降温效果,安装时要特别注意冷却水和压缩空气的流动方向。另外,冷却器属于主管路净化装置,应符合压力容器安全规则的有关规定。

② 储气罐。储气罐的作用是储存空压机排出的压缩空气,减小压力波动,调节空压机的输出气量和用户耗气量之间的不平衡状况,保证连续、稳定的流量输出,进一步沉淀分离压缩空气中的水分、油分和其他杂质颗粒。储气罐一般采用焊接结构,其形式有立式和卧式两种,立式结构应用较为普遍。使用时,储气罐应附有安全阀、压力表和排污阀等附件。此外,储气罐必须符合锅炉及压力容器安全规则的有关规定,例如使用前应按标准进行水压试验。

③ 空气过滤器。空气过滤器的作用是滤除压缩空气中所含的液态水滴、油滴、固体粉尘颗粒及其他杂质。过滤器一般由壳体和滤芯组成。按滤芯采用的材料不同,可分为纸质式、陶瓷式、泡沫塑料式和金属式等,常用的是纸质式和金属式。

图 1-3a 所示为空气过滤器的结构图。空气进入过滤器后,被引入旋风叶片 1,旋风叶片上有很多小缺口,使空气沿切线反向产生强烈的旋转,使夹杂在气体中的较大水滴、油滴、灰尘等获得较大的离心力,高速地与存水杯 3 内壁碰撞,从气体中分离出来,沉淀于存水杯 3 中,而气体通过中间的滤芯 2 使部分灰尘、雾状水被滤芯 2 拦截而滤去,洁净的空气从输出口输出。挡水板 4 可防止气流的漩涡卷起存水杯中的积水。图 1-3b 所示为空气过滤器的图形符号。

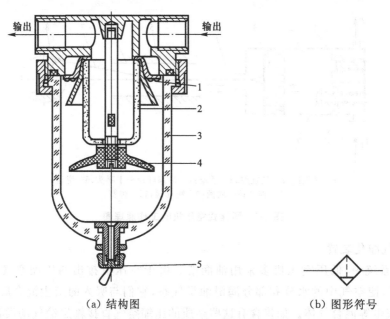

(a) 结构图　　　　　　　(b) 图形符号

1—旋风叶片;2—滤芯;3—存水杯;4—挡水板;5—排水阀。

图 1-3　空气过滤器

使用空气过滤器时要注意定期清洗和更换滤芯,否则将增加过滤阻力,降低过滤效果,甚至造成堵塞。

④ 空气干燥器。空气干燥器的作用是降低空气的湿度,为气动系统提供干燥的压缩空气。它有冷冻式、无热再生式和加热再生式等形式。如果使用的是有油压缩机,则要在干燥器入口处安装除油器,使进入干燥器的压缩空气中的油雾质量与空气质量之比达到规定要求。

⑤ 除油器和油水分离器。其作用是滤除压缩空气中的油分和水分,并及时排出。

（3）油雾器

油雾器的作用是将润滑油雾化后喷入压缩空气管路的空气流中,润滑气动系统中相对运动零件的表面。它分为油雾型和微雾型两种。

2. 气动控制元件

气动控制元件的作用是调节压缩空气的压力、流量、方向及发送信号,以保证气动执行元件按规定的程序正常动作。按功能的不同可分为压力控制阀、流量控制阀、方向控制阀以及能实现一定逻辑功能的气动逻辑元件。

（1）压力控制阀

压力控制阀的作用是控制压缩空气的压力,依靠空气压力控制执行元件的动作顺序。压力控制阀利用压缩空气作用在阀芯上的力和弹簧力相平衡的原理进行工作。主要有减压阀、顺序阀和溢流阀等类型。

① 减压阀。减压阀的作用是将出口压力调节为比进口压力低的调定值,使输出压力保持稳定(又称为调压阀)。减压阀可分为直动式和先导式两种。

图 1-4 所示为常用的 QTY 型直动式减压阀。当顺时针方向调整手轮 1 时,调压弹簧 2 和 3 推动膜片 5 和进气阀芯 9 向下移动,使阀口开启,气流通过阀口后压力降低。与此同时,有一部分气流由阻尼孔 7 进入膜片室,在膜片下面产生一个向上的推力与弹簧力平衡,减压阀

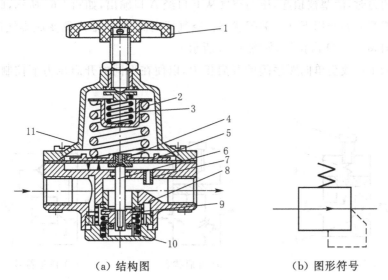

(a) 结构图　　　　　　(b) 图形符号

1—手轮;2、3—调压弹簧;4—溢流口;5—膜片;6—阀杆;7—阻尼孔;8—阀座;9—进气阀芯;10—复位弹簧;11—排气孔。

图 1-4　QTY 型直动式减压阀

便有了稳定的输出压力。当输入压力升高时,输出压力随之升高,使膜片下面的压力也升高,将膜片向上推,阀芯便在复位弹簧 10 的作用下向上移动,从而使阀口开度减小,节流作用增强,直到使输出压力降低到调定值为止。反之,若因输入压力下降,而引起输出压力下降,则通过自动调节,最终也能使输出压力回升到调定值,以维持压力稳定。调节手轮 1 可改变压力调定值的大小。图 1-4b 所示为 QTY 型直动式减压阀的图形符号。

减压阀、油雾器和空气过滤器一起被称为"气动三大件",在气动系统中具有重要的作用。

② 顺序阀。顺序阀是依靠气路中压力的作用而控制执行元件按顺序动作的压力控制阀,它的工作原理如图 1-5 所示,根据弹簧的预压缩量来控制它的开启压力。当输入压力达到或超过开启压力时,弹簧被压缩,阀芯上移,A 口才有输出;反之 A 口无输出。

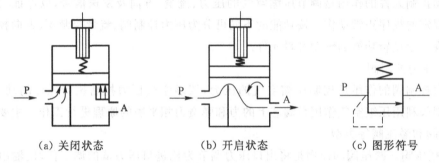

（a）关闭状态　　　　　（b）开启状态　　　　　（c）图形符号

图 1-5　顺序阀工作原理图

顺序阀一般很少单独使用,往往与单向阀配合在一起,构成单向顺序阀。图 1-6 所示为单向顺序阀工作原理图。当压缩空气由左端进入阀腔后,作用于活塞 3 上的空气压力超过压缩弹簧 2 的力时,活塞被顶起,压缩空气从 P 口经 A 口输出,如图 1-6a 所示,此时单向阀 4 在压差力及弹簧力的作用下处于关闭状态。空气反向流动时,输入侧变成排气口,输出侧压力将顶开单向阀 4 由 O 口排气,如图 1-6b 所示。

调节手柄 1 可改变单向顺序阀的开启压力,以便在不同的开启压力下控制执行元件的顺序动作。

动画

单向顺序阀
工作原理

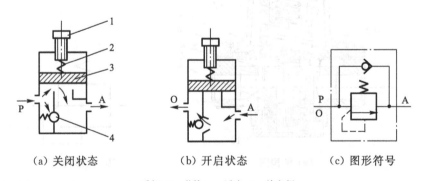

（a）关闭状态　　　　　（b）开启状态　　　　　（c）图形符号

1—手柄;2—弹簧;3—活塞;4—单向阀。

图 1-6　单向顺序阀工作原理图

直动型溢流
阀工作原理

③ 溢流阀。溢流阀的作用是当系统中的压力超过调定值时,使部分压缩空气从排气口溢出,并在溢流过程中保持系统中压力的稳定,从而起过载保护的作用(又称为安全阀)。溢流阀同减压阀等一样也可分为直动式和先导式两种。按其结构不同还可分为活塞式、膜片式和球阀式等。

图 1-7 所示为直动式溢流阀。当系统中气体压力在调定范围内时,作用在阀芯 3 上的压力小于弹簧 2 的力,阀门处于关闭状态(图 1-7a);当系统压力升高并超过调定值时,作用在阀芯 3 上的压力大于弹簧的预定压力,阀芯 3 向上移动,阀门开启,使部分气体排出,压力降低,从而起到过载保护的作用,如图 1-7b 所示。通过旋转调节杆 1 调节弹簧 2 的预紧力可改变溢流阀的压力调定值大小。图 1-7c 所示为直动式溢流阀的图形符号。

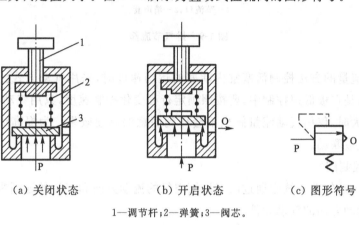

（a）关闭状态　　　（b）开启状态　　　（c）图形符号

1—调节杆;2—弹簧;3—阀芯。

图 1-7　直动式溢流阀

(2) 流量控制阀

在气动系统中,有时需要控制气缸的运动速度,有时需要控制换向阀的切换时间和气动信号的传递速度,这些都需要通过调节压缩空气的流量来实现。流量控制阀的作用是通过改变阀的通气面积来调节压缩空气的流量,控制执行元件的运动速度。它主要有节流阀、单向节流阀、排气节流阀和行程节流阀等类型。

① 节流阀。节流阀是通过改变阀的通流面积来调节流量的,用于控制执行元件的运动速度。

在节流阀中,针形阀芯用得比较多,如图 1-8 所示,压缩空气由 P 口进入,经过节流口,由 A 口流出。旋转调节螺杆 2,可改变节流口开度,从而调节压缩空气的流量。此种节流阀结构简单,体积小,应用范围较广。

② 排气节流阀。排气节流阀是装在执行元件的排气口处,调节进入大气的气体流量的一种控制阀。它不仅能调节执行元件的运动速度,还常带有消声器件,所以也能起降低排气噪声的作用。

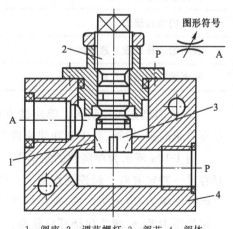
图形符号

节流阀工作
原理

1—阀座;2—调节螺杆;3—阀芯;4—阀体。

图 1-8　节流阀的结构

图1-9所示为排气节流阀。排气节流阀的工作原理和节流阀的相似，靠调节节流口1处的通流面积来调节排气流量，由消声套2来减小排气噪声。

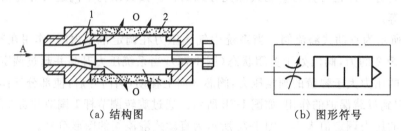

(a) 结构图　　　　　　　　　(b) 图形符号

1—节流口；2—消声套。

图1-9　排气节流阀

通过控制流量的方法控制活塞缸内活塞的运动速度时，采用气动方式比采用液压传动方式困难，特别是在极低速控制中，要按照预定行程变化控制速度，只用气动很难实现；在外部负载变化很大时，仅用气动流量阀也不会得到满意的调速效果。为提高活塞的运动平稳性，建议采用气液联动。

(3) 方向控制阀

方向控制阀是气动系统中通过改变压缩空气的流动方向和气流的通断来控制执行元件启动、停止及运动方向的气动元件。

根据分类方式的不同，可将方向控制阀分为不同的种类，见表1-1。

表1-1　方向控制阀的分类

分　类　方　式	种　　类
按阀内气体的流动方向	单向阀、换向阀
按阀芯的结构形式	截止阀、滑阀
按阀的密封形式	硬质密封、软质密封
按阀的工作位数及通路数	二位三通、二位五通、三位五通等
按阀的控制操纵方式	气压控制、电磁控制、机械控制、手动控制

① 单向型方向控制阀。单向型方向控制阀的作用是只允许气体向一个方向流动。它主要有单向阀、梭阀、双压阀和快速排气阀等类型。

图1-10a所示为单向阀的结构图。在气动系统中，单向阀一般和其他控制阀并联，使之只在某一特定方向上起控制作用。当气流由P口进入时，大气压力克服弹簧和阀芯与阀体之间的摩擦力，使阀芯左移，阀口打开，气流正向通过。为保证气流稳定，P腔与A腔应保持一定的压力差，使阀芯保持开启状态。当气流从反向进入A腔时，阀口关闭，气流反向不通。图1-10b所示为单向阀的图形符号。

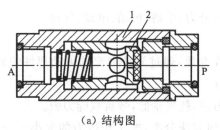

（a）结构图　　　　　　（b）图形符号

1—阀体；2—阀芯。

图 1-10　单向阀

图 1-11a 所示为梭阀的结构图。当需要两个输入口 A 和 B 均能与输出口 C 相通，而又不允许 A 和 B 相通时，就可以采用梭阀（或门）。当气流由 A 进入，阀芯右移，使 A 与 C 相通，气流由 C 流出。与此同时，阀芯将 B 通路关闭。反之，B 和 C 相通，A 通路关闭。若 A 和 B 同时进气，哪端压力高，C 就与哪端相通，另一端自动关闭。图 1-11b 所示为梭阀的图形符号。

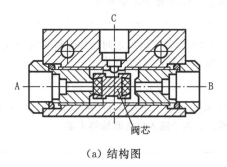
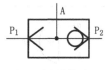

动画

或门型梭阀
工作原理

阀芯

（a）结构图　　　　　　（b）图形符号

图 1-11　梭阀

图 1-12 所示为快速排气阀。快速排气阀是为使气缸快速排气，加快气缸运动速度而设置的专用阀，它安装在换向阀和气缸之间。当 P 口进气时，推动膜片向下变形，打开 P 与 A 的通路，关闭 O 口；当 P 口无进气时，A 口的气体推动膜片复位，关闭 P 口，A 口气体经 O 口快速排出。

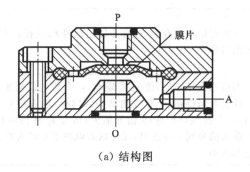

动画

膜片式快速
排气阀工作
原理

膜片

（a）结构图　　　　　　（b）图形符号

图 1-12　快速排气阀

② 换向阀。换向阀用于改变气体通道，使气体流动方向发生变化，从而改变气动执行

元件运动方向。按换向阀的操纵方式可分为:手动、机动、电动、气动。

（4）气动逻辑元件

气动逻辑元件是以压缩空气为工作介质,通过元件内部的可动部件的动作改变气流方向来实现一定逻辑功能的气动控制元件。

气动逻辑元件的特点是抗污染能力强,耗气量低,带负载能力强。

气动逻辑元件种类很多,一般按下列方法分类:按工作压力的大小可分为高压元件(工作压力 0.2～0.8 MPa)、低压元件(工作压力 0.02～0.2 MPa)、微压元件(工作压力 0.02 MPa 以下);按逻辑功能的不同可分为"或门""与门""非门"和"双稳"元件等;按结构形式可分为截止式、滑阀式和膜片式等。常见逻辑元件的图形符号及其功用见表 1-2。

表 1-2 常见逻辑元件的图形符号及其功用

类型	符号	功用
是门	$a \!-\!\rD\!-\! s$	元件的输入口与输出口之间始终保持相同的状态,即没有输入时,就没有输出;有输入才能输出
非门	$a \!-\!\rD\vert\!-\! s$	元件的输入口和输出口之间始终保持相反的状态,即有输入时,无输出;而无输入时,有输出
或门	a、$b \to + \to s$	有两个输入口和一个输出口,当一个口或两个口同时有输入时,有输出。两个输入口之间始终不通
与门	a、$b \to \cdot \to s$	有两个输入口和一个输出口,只有两个输入口同时有输入时才有输出
或非	a、$b \to +\vert \to s$	有两个输入口和一个输出口,当两个输入口都没有输入信号时,元件才有输出
禁门	a、$b \to s$	只要有信号 a 存在,就禁止输出信号 b;只有 a 不存在时,才能输出信号 b
双稳	$a - 1 - s_1$ $b - 0 - s_2$	当输入信号 a 时,使 s_1 有输出,s_2 与排气口相通;a 信号消失,元件仍然保持在 s_1 有输出状态。同样,输入信号 b 时,s_2 有输出,s_1 与排气口相通;b 信号消失,信号 s_2 保持输出状态。当两个输入信号同时存在时,元件状态取决于先输入的那个信号所对应的状态

动画
非门和禁门元件

动画
双稳元件工作原理

3. 气动执行元件

气动执行元件的作用是将压缩空气的压力能转换为机械能,驱动工作部件工作。它包括气缸和气动马达两种形式。

（1）气缸

气缸是气动系统中使用得最多的一种执行元件，用于实现往复直线运动，输出推力和位移。根据使用条件、场合的不同，其结构、形状也有多种形式。常见的分类方法有以下几种。

按气缸活塞的受压状态可分为：单作用气缸和双作用气缸。

按气缸的结构特征可分为：活塞式气缸、柱塞式气缸、薄膜式气缸、叶片式气缸和齿轮齿条式摆动气缸等。

按气缸的安装方式可分为：固定式气缸、轴销式气缸、回转式气缸和嵌入式气缸等。

按气缸的功能可分为：普通气缸和特殊功能气缸。

① 普通气缸的工作原理。普通气缸分单作用气缸和双作用气缸两类。

单作用气缸只在活塞一侧通入压缩空气使其伸出或缩回，另一侧与大气相通。这种气缸只能在一个方向上做功。活塞的反向动作靠一个复位弹簧或施加外力来实现。由于压缩空气只能在一个方向上控制气缸活塞的运动，所以称为单作用气缸。图 1-13 所示为单作用气缸。

单作用气缸的特点是单边进气，结构简单，耗气量小；缸内安装弹簧，增加了气缸长度，缩短了气缸的有效行程，行程受弹簧长度限制；借助弹簧力复位，使压缩空气的能量有一部分用来克服弹簧张力，减小了活塞杆的输出力，而且输出力的大小和活塞杆的运动速度在整个行程中随弹簧的变形而变化。因此，单作用气缸多用于行程较短以及对活塞杆输出力和运动速度要求不高的场合。

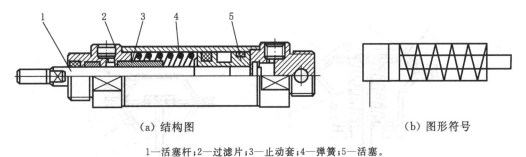

（a）结构图　　　　　　　　　　　（b）图形符号

1—活塞杆；2—过滤片；3—止动套；4—弹簧；5—活塞。

图 1-13　单作用气缸

双作用气缸活塞的往复运动是依靠压缩空气在缸内被活塞分隔开的两个腔室（有杆腔、无杆腔）交替进气和排气来实现的，压缩空气可以在两个方向上做功。由于气缸活塞的往复运动全部靠压缩空气来完成，所以称为双作用气缸。图 1-14 所示为双作用气缸。

② 缓冲装置和缓冲器。在利用气缸进行长行程或重负荷工作时，若气缸活塞在接近行程末端时仍具有较高的速度，则可能造成对端盖的损害性冲击。为了避免这种现象，应在

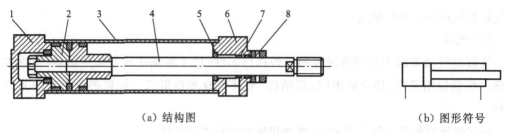

（a）结构图　　　　　　　　　　　　（b）图形符号

1—后缸盖；2—活塞；3—缸筒；4—活塞杆；5—缓冲密封圈；6—前缸盖；7—导向套；8—防尘圈。

图 1-14　双作用气缸

气缸的两端设置缓冲装置。缓冲装置的作用是当气缸行程接近末端时，减缓气缸活塞的运动速度，防止活塞对端盖高速撞击。

在端盖上设置缓冲装置的气缸称为缓冲气缸，否则称为无缓冲气缸。缓冲装置主要由节流阀、缓冲柱塞和缓冲密封圈组成。

对于运动件质量大、运动速度很高的气缸，如果气缸本身的缓冲能力不足，则会对气缸端盖和设备造成损害。为了避免这种损害，应在气缸外部另外设置缓冲器来吸收冲击能。常用的缓冲器有弹簧缓冲器、气压缓冲器和液压缓冲器。弹簧缓冲器利用弹簧压缩产生的弹力来吸收冲击时的机械能；气压和液压缓冲器主要通过气流或液流的节流流动将冲击能量转化为热能，其中，液压缓冲器能承受高速冲击，缓冲性能较好。

③ 薄膜式气缸。图 1-15 所示为薄膜式气缸。薄膜式气缸是一种利用压缩空气使膜片变形，推动活塞杆做直线运动的气缸。它由缸体、膜片、膜盘和活塞杆等主要零件组成。薄膜式气缸的膜片可做成盘形膜片和平膜片两种形式。膜片材料为夹织物橡胶、钢片或磷青铜片，常用厚度为 5~6 mm，金属膜片只用于行程较小的薄膜式气缸中。

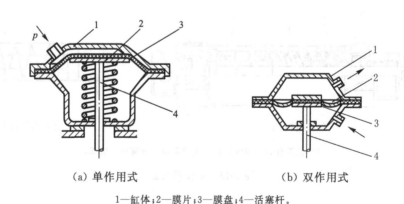

（a）单作用式　　　　　　　　　（b）双作用式

1—缸体；2—膜片；3—膜盘；4—活塞杆。

图 1-15　薄膜式气缸

薄膜式气缸和活塞式气缸相比较，具有结构简单、紧凑、制造容易、成本低、维修方便、寿命长、泄漏小、效率高等优点。但是膜片的变形量有限，故其行程短（一般不超过 40~50 mm），且气缸活塞杆上的输出力随着行程的加大而减小。

④ 回转式气缸。图 1-16 所示为回转式气缸工作原理图。回转式气缸是由导气头体、缸体、活塞、活塞杆等组成的。这种气缸的缸体 3、缸盖及导气头阀芯 6 可被携带回转,活塞 4 及活塞杆 1 只能做往复直线运动,导气头体 9 外接管路而固定不动。

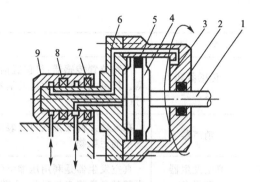

图 1-16 回转式气缸工作原理图

1—活塞杆;2、5—密封装置;3—缸体;4—活塞;
6—缸盖及导气头阀芯;7、8—轴承;9—导气头体

(2)气动马达

气动马达是将压缩空气的压力能转换成回转机械能的转换装置。它有多种类型,按工作原理可分为容积式和涡轮式两种,其中容积式较常用;按结构形式可分为齿轮式、叶片式、活塞式、螺杆式和膜片式。叶片式气动马达如图 1-17 所示。

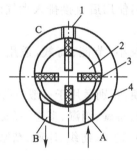　　　　　　

　　(a)结构图　　　　　　　　(b)图形符号

1—排气口;2—转子;3—叶片;4—定子。

图 1-17 叶片式气动马达

4.气动辅助元件

气动辅助元件的作用有转换信号、传递信号、保护元件、连接元件以及改善系统的工况等。它的种类很多,主要有转换器、传感器、放大器、缓冲器、消声器、真空发生器、吸盘以及气路管件等。常用气动辅助元件的功用见表 1-3。

表 1-3 常用气动辅助元件的功用

类　　型		功　　用
转换器	气-液转换器	将压缩空气的压力能转换为油液的压力能,压力值不变
	气-液增压器	将压缩空气的能量转换为油液的能量,压力值增大,将低压气体转换成高压油输出至负载液压缸或其他装置,以获得更大驱动力
	压力继电器	在气动系统中,当气压超过或低于给定压力或压差时发出电信号。与气-电转换器在结构上相似,压力继电器也是将气压信号转换为电信号的元件,不同的是压力不可调,只显示压力的有无,但结构较简单

续　表

类　型	功　用
传感器和放大器	气动位置传感器:将位置信号转换成气压信号(气测式)或电信号(电测式)进行检测。气测式传感器输出的信号一般较小,在实际使用中常与放大器配合,以便放大信号(压力或流量)
消声器	在气动元件的排气口安装消声器可降低排气的噪声,有的消声器还能分离和除去排气中的污染物
真空发生器和吸盘	真空发生器是利用压缩空气的高速运动形成负压而产生真空的。真空吸盘利用其内部的负压将工件吸住,它普遍用于薄板、易碎物体等的搬运

(三) 气动的优缺点

1. 气动的优点

气动与其他传动相比,具有如下优点:

(1) 工作介质是空气,来源方便,取之不尽,使用后直接排入大气而无污染,不需要设置专门的回气装置。

(2) 空气的黏度很小,流动时压力损失较小,节能、高效,适用于集中供应和远距离输送。

(3) 动作迅速,反应快,维护简单,调节方便,特别适用于一般设备的控制。

(4) 工作环境适应性好。特别适合在易燃、易爆、潮湿、多尘、强磁、振动、辐射等恶劣条件下工作,外泄漏也不污染环境,最适宜在食品、轻工、纺织、印刷、精密检测等环境中使用。

(5) 成本低,过载时能自动保护。

2. 气动的缺点

气动与其他传动相比,具有以下缺点:

(1) 空气具有可压缩性,不易实现准确的速度控制和较高的定位精度,负载变化时对系统的稳定性影响较大。

(2) 空气的压力较低,只适用于压力较小的场合。

(3) 排气噪声较大。

(4) 因空气无润滑性能,故气路中需设置给油润滑装置。

互动练习

项目一自测

三、操作训练

任务一　认识气动系统动力元件

1. 任务分析

对照图片、多媒体课件或实训现场实物,识别各种空压机及空压机的规格,工时定额1 h;完成活塞式空压机的拆装,工时定额 2 h。

2. 设备及工具介绍

(1) 设备:气源 1 台;辅助元件:后冷却器、油水分离器、干燥器、储气罐 3～4 种;气动控制台不少于 10 台。

（2）工具：内六角扳手、耐油橡胶板、油盆及钳工常用工具。

3．操作过程

（1）识别空压机

对照图片、多媒体课件或实训现场实物，识别气源装置（空压机、后冷却器、储气罐等）。

（2）拆装活塞式空压机（图 1-2）

① 按先外后内的顺序拆卸，并将零件按顺序摆放，最后按先内后外的顺序正确安装。

② 注意零件之间的连接关系及结构特点。

③ 参照空气压缩机的剖视图及部件装配图进行装配。

④ 装配前将所有零件清洗干净，并用不起毛的布擦拭干净；给配合面涂上机油后再安装。

⑤ 注意吸气阀、排气阀的清洁，以防堵塞；配合零件有毛刺时，需修刮后再装配。

⑥ 所有衬垫密封应完整无缺，有损伤或缺陷时，禁止使用。

⑦ 要确保零部件装配齐全，不得遗漏，并且不得使异物落入气缸内。

⑧ 对装有卸荷装置的空压机，应按规定要求装配和调整。

4．任务实施评价

认识气动系统动力元件的评价标准见表 1-4。

表 1-4　认识气动系统动力元件的评价标准

序号	技术要求	分数	评分建议	自检记录	交检记录	得分
1	识别气动系统动力元件	20	识别错误不得分			
2	工具的正确选用及使用	10	选用不正确或操作不当，每次扣 5 分			
3	动力元件的拆卸方法正确、合理	30	每错一步扣 5 分			
4	动力元件的装配方法正确、合理	30	每错一步扣 5 分			
5	安全文明生产	10	违者每次扣 2 分，严重者扣 5～10 分			

任务二　认识气动系统执行元件

1．任务分析

对照图片、多媒体课件或实训现场实物，识别各种类型的气缸及气动马达，工时定额1 h；完成一台气缸的拆装（可选用单杆活塞式气缸或双杆活塞式气缸），工时定额 2 h，以熟悉常用气缸的结构，进一步理解其工作原理，从而掌握气缸安全拆装的基本技能。

2．设备及工具介绍

（1）设备：气源 1 台，各种气动马达和气缸 3～4 种，气动控制台不少于 10 台。

（2）工具：内六角扳手、耐油橡胶板、油盆及钳工常用工具。

3. 操作过程

（1）识别气缸及气动马达

对照图片、多媒体课件或实训现场实物，识别各种类型的气动马达和气缸（如活塞式气缸、柱塞式气缸、薄膜式气缸、气-液阻尼缸、冲击气缸、叶片式摆动气缸等）。

（2）拆装气缸

① 将缸体夹紧在工作台上，利用专用扳手拧开缸盖，取出导向套，拉出活塞连杆部件。

② 将活塞杆包上铜皮并夹紧在工作台上，取下弹簧挡圈，卸下卡环帽，取出卡环，用木槌或铁锤木柄轻击活塞右端，将活塞从活塞杆左端取出。

③ 清洗、检查、修理。特别应注意密封圈有无损坏、活塞杆是否弯曲、缸内壁有无划伤情况等。

④ 给配合面涂上润滑油，然后按与拆卸顺序相反的顺序进行装配。

（3）注意事项

① 拆卸过程中，注意观察活塞与活塞杆的结构及连接方式、缸筒与缸盖的连接形式、缓冲装置的类型，以及活塞上的小孔及其作用等。

② 拆卸过程中，注意观察活塞与缸体、端盖与缸体、活塞杆与端盖间的密封形式。

③ 注意气缸密封装置的拆卸和安装，连接缸体与缸盖的螺栓应按规定扭矩拧紧。

④ 对设有缓冲装置的气缸，应注意缓冲装置的装配与调整。

4. 任务实施评价

认识气动系统执行元件的评价标准见表1-5。

表 1-5　认识气动系统执行元件的评价标准

序号	技术要求	分数	评分建议	自检记录	交检记录	得分
1	识别气动系统执行元件	20	识别错误，1件扣5分			
2	工具的正确选用及使用	10	选用不正确或操作不当，每次扣5分			
3	执行元件的拆卸方法正确、合理	30	每错一步扣5分			
4	执行元件的装配方法正确、合理	30	每错一步扣5分			
5	安全文明生产	10	违者每次扣2分，严重者扣5～10分			

任务三　认识气动系统控制元件

1. 任务分析

对照图片、多媒体课件或实训现场实物，识别各种类型的气动系统控制元件，工时定额1 h；拆装典型的方向控制阀、压力控制阀、流量控制阀各1台，工时定额3 h，以熟悉常用气动控制阀的结构，进一步理解其工作原理，从而掌握气动系统控制元件安全拆装的基本技能。

2. 设备及工具介绍

(1) 设备:气源 1 台,常用气动控制阀若干种,气动控制台不少于 10 台。

(2) 工具:内六角扳手、耐油橡胶板、油盆及钳工常用工具。

3. 操作过程

(1) 教师通过图片、多媒体课件或实训现场实物讲授任务相关的工作过程及操作安全规定,通过仿真软件演示气动控制阀的工作过程。

(2) 学生分组完成气动控制阀的识别、性能参数测定以及结构拆装实训。

4. 任务实施评价

认识气动系统控制元件的评价标准见表 1-6。

表 1-6　认识气动系统控制元件的评价标准

序号	技术要求	分数	评分建议	自检记录	交检记录	得分
1	识别气动系统控制元件	20	识别错误,1 件扣 5 分			
2	工具的正确选用及使用	10	选用不正确或操作不当,每次扣 5 分			
3	控制元件的拆卸方法正确、合理	30	每错一步扣 5 分			
4	控制元件的装配方法正确、合理	30	每错一步扣 5 分			
5	安全文明生产	10	违者每次扣 2 分,严重者扣 5～10 分			

任务四　认识气动系统辅助元件

1. 任务分析

对照图片、多媒体课件或实训现场实物,识别各种类型的气动系统辅助元件,工时定额 1 h;拆装空气过滤器、油雾器各 1 台,工时定额 2 h,以熟悉常用气动系统辅助元件的结构,进一步理解其工作原理,从而掌握气动系统辅助元件安全拆装的基本技能。

2. 设备及工具介绍

(1) 设备:气源 1 台,常用气动系统辅助元件若干种,气动控制台不少于 10 台。

(2) 工具:内六角扳手、耐油橡胶板、油盆及钳工常用工具。

3. 操作过程

(1) 教师通过图片、多媒体课件或实训现场实物讲授任务相关的工作过程及操作安全规定,通过仿真软件演示气动系统辅助元件的工作过程。

(2) 学生分组完成气动系统辅助元件的识别、性能参数测定以及结构拆装实训。

4. 任务实施评价

认识气动系统辅助元件的评价标准见表 1-7。

表 1-7　认识气动系统辅助元件的评价标准

序号	技术要求	分数	评分标准	自检记录	交检记录	得分
1	识别气动系统辅助元件	20	识别错误,1件扣5分			
2	工具的正确选用及使用	10	选用不正确或操作不当,每次扣5分			
3	辅助元件的拆卸方法正确、合理	30	每错一步扣5分			
4	辅助元件的装配方法正确、合理	30	每错一步扣5分			
5	安全文明生产	10	违者每次扣2分,严重者扣5~10分			

任务五　认识气动系统逻辑元件

1. 任务分析

对照图片、多媒体课件或实训现场实物,识别各种类型的气动系统逻辑元件,工时定额1 h;完成一两个常用气动系统逻辑元件的拆装,工时定额 2 h,以熟悉常用气动系统逻辑元件的结构,进一步理解其工作原理,从而掌握气动系统逻辑元件安全拆装的基本技能。

2. 设备及工具介绍

(1) 设备:气源1台,常用气动系统逻辑元件若干种,气动控制台不少于10台。

(2) 工具:内六角扳手、耐油橡胶板、油盆及钳工常用工具。

3. 操作过程

(1) 教师通过图片、多媒体课件或实训现场实物讲授任务相关的工作过程及操作安全规定,通过仿真软件演示气动系统逻辑元件的工作过程。

(2) 学生分组完成气动系统逻辑元件的识别、性能参数测定以及结构拆装实训。

4. 任务实施评价

认识气动系统逻辑元件的评价标准见表1-8。

表 1-8　认识气动系统逻辑元件的评价标准

序号	技术要求	分数	评分建议	自检记录	交检记录	得分
1	识别气动系统逻辑元件	20	识别错误,1件扣5分			
2	工具的正确选用及使用	10	选用不正确或操作不当,每次扣5分			
3	逻辑元件的拆卸方法正确、合理	30	每错一步扣5分			
4	逻辑元件的装配方法正确、合理	30	每错一步扣5分			
5	安全文明生产	10	违者每次扣2分,严重者扣5~10分			

四、知识拓展

空气的基本性质

在气动系统中,压缩空气是传递动力和信号的工作介质,气动系统能否可靠地工作,很大程度上取决于系统中所使用的压缩空气。因此,要研究气动系统,就必须了解系统中使用的压缩空气及其性质。

1. 空气的物理特征

(1) 空气的组成

空气是由多种气体混合而成的。其主要成分是氮和氧,其次是氩和少量的二氧化碳及其他气体。清洁的空气是无色、无臭、无味、透明的。空气可分为干空气和湿空气两种形态,以是否含有水蒸气作为区分标志,不含水蒸气的空气称为干空气,含有水蒸气的空气称为湿空气。

(2) 空气的特征参数

① 空气的密度。单位体积内所含气体的质量称为密度,用 ρ 表示,即

$$\rho = \frac{m}{V}$$

式中,m、V 分别为气体的质量与体积,单位分别是 kg、m^3。

② 空气的黏性。黏性是由于分子之间的内聚力,在分子间有相对运动时产生内摩擦力,从而阻碍了其运动的性质。与液体相比,气体的黏性要小得多。空气的黏性主要受温度的影响,随着温度的升高而增大。

③ 气体的易变性。气体的体积受压力和温度的影响极大。与液体和固体相比较,气体的体积是易变的,这种性质称为气体的易变性。气体与液体体积变化相差悬殊,主要原因在于气体分子间的距离大而内聚力小,分子运动的平均自由路径大。

(3) 湿空气

空气中的水蒸气在一定条件下会凝结成水滴,水滴不仅会腐蚀元件,而且会给系统工作的稳定性带来不良影响。因此,不仅各种气动元件对含水量有明确规定,常常还需要采取一些措施防止水分进入系统。

湿空气中所含的水蒸气的程度用湿度和含湿量来表示,而湿度的表示方法有绝对湿度和相对湿度两种。

2. 压缩空气中的杂质

如果压缩空气中的水分、油污、灰尘等杂质不经处理直接进入管路系统,就会对系统造成不良后果,所以,气动系统中所使用的压缩空气必须经过干燥和净化处理后才可使用。压缩空气中的杂质主要有以下几个来源:

① 通过空压机等设备吸入的杂质。即使在停机状态,外界的杂质也会从阀的排气口进入系统内部。

② 系统运行时内部产生的杂质。例如:湿空气被压缩、冷却时就会出现冷凝水;压缩机油在高温下会变质,生成油泥;管路内部产生锈屑;相对运动件磨损而产生的金属粉末和橡胶细末;密封和过滤材料的细末等。

③ 安装和维修系统时产生的杂质。如安装、维修时未清除的铁屑、毛刺、纱头、焊接氧化皮、铸砂、密封材料碎片等。

3. 空气质量的影响

不同的气动设备,对空气质量的要求不同。空气质量低劣会造成气动设备事故频发、使用寿命缩短;但对空气质量提出的要求过高,又会增加压缩空气的成本。随着机电一体化程度的不断提高,气动元件日趋精密。气动元件本身的低功率、小型化、集成化,以及微电子、食品、制药等行业对作业环境的严格要求和污染控制,都对压缩空气的质量提出了更高的要求。

▶ 五、思考与练习

(一) 填空题

1. 气动系统以_____为工作介质,利用_____把电动机或其他原动机输出的_____转换为_____,然后在控制元件的控制下,通过执行元件把_____转换为_____或_____的机械能,从而完成各种动作并对外做功。

2. 气动系统由_____、_____、_____、_____和_____五部分组成。

3. 空压机是将_____转变为_____的装置,它属于_____元件。

4. 气缸是将_____转换为_____,并驱动工作机构做_____或_____的装置,它属于_____元件。

5. 气动控制阀主要有_____、_____和_____三大类。

6. 压力控制阀按功能不同可分为_____、_____、_____等形式。

7. _____、_____和_____三种元件合称为气动三大件。

8. 气动系统辅助元件主要有_____、_____、_____、_____等装置。

(二) 判断题

1. 气动元件与液压元件结构一样,所以性能也相同。 (　　)

2. 气动系统工作压力很高,故对元件的精度要求也很高。 (　　)

3. 在输出相同的情况下,气动比液压传动结构尺寸要大。 (　　)

4. 空压机是将气压传动能转换成机械能的能量转换装置。 (　　)

5. 由于空气具有可压缩性,故气动装置的动作稳定性好。 (　　)

6. 气动装置的噪声较小。 (　　)

7. 气缸是将气压能转换成机械能输出做功的装置。 (　　)

8. 空气过滤器的作用是消除空气中水滴、油污、灰尘等,使洁净空气进入系统。 (　　)

9. 空气中水蒸气的含量是随温度而变的,当气温下降时空气的含湿量是降低的,所以,从减少空气中所含水分的角度来看,降低进入气动设备的空气温度是不利的。 (　　)

10. 减压阀、顺序阀和节流阀属于压力控制阀。 (　　)

（三）选择题

1. 图 1-18 所示的图形符号代表（　　）。

　　A. 空压机　　　　　　　　　　　B. 气缸

　　C. 储气罐　　　　　　　　　　　D. 换向阀

图 1-18　图形符号

2. 下列气动元件中（　　）是气动控制元件。

　　A. 气动马达　　　　B. 顺序阀　　　　C. 空压机　　　　D. 换向阀

3. 储气罐的作用不包括（　　）。

　　A. 减少气源输出气流的波动

　　B. 进一步分离压缩空气中的水分和油分

　　C. 冷却压缩空气

4. 利用压缩空气使膜片变形，从而推动活塞杆做直线运动的气缸是（　　）。

　　A. 气-液阻尼缸　　　B. 冲击气缸　　　C. 薄膜式气缸

5. 气源装置的核心元件是（　　）。

　　A. 气动马达　　　B. 空压机　　　C. 油水分离器

（四）问答题

1. 气动系统由哪几个部分组成？各部分分别起什么作用？

2. 气动系统主要有哪些优缺点？

3. 气缸可分为哪几种类型？它们的特点是什么？

4. 气动系统辅助元件主要有哪几种？它们各自的作用是什么？

5. 什么是气动三大件？各起什么作用？

6. 压缩空气的净化设备及辅助元件中为什么既有油水分离器，又有油雾器？

7. 换向阀有哪几种控制方式？简述其主要特点。

项目二　组建与调试气压传动基本回路

▶ 一、项目介绍

卷绕机生产线和卷绕机如图 2-1 和图 2-2 所示。卸丝卷是化纤卷绕机的关键动作，其作用是将成品丝卷从卷筒上卸下来，如图 2-2 所示。卷绕机上有两个横筒杆，其中一个横筒杆为等待状态，当另一个横筒杆满卷后，靠气缸切换将满卷的横筒杆翻转到下位，同时等待横筒杆切换到上位，并套上纸管开始卷绕工作。而满卷的丝卷被气缸推出，横移到小车上，卸丝卷完成后气缸自动缩回。工艺要求气缸推出丝卷并卸载到小车上，在横向推移过程中松开

图 2-1　卷绕机生产线

（a）实物图　　　　　　　　　　　　　　　　　（b）示意图

图 2-2　卷绕机

按钮时气缸能立即停止。卸丝卷的横向推移和切换横筒杆都是靠气缸来完成的,要求通过双手同时操作两个气动换向阀的按钮开关,能使套在横筒杆上的丝卷从横筒杆中推出,同时松开两个或仅松开一个换向阀的按钮开关,都能使气缸快速退回初始位置。为了适应不同规格的丝卷,要求系统的压力可调节。该系统主要包含如图 2-3、图 2-4 所示的两个换向回路。

1. 二位五通双气控换向阀控制的换向回路

二位五通双气控换向阀(下面简称二位五通换向阀)控制的换向回路如图 2-3 所示。按压按钮 PB1(前进按钮),二位五通换向阀右位工作,P、B 两口相通,A、R 两口相通,如图 2-3a 所示,活塞杆推出;松开 PB1 按钮,二位五通换向阀状态不变,活塞杆仍继续推出。故控制活塞杆伸出的正确方法是,手压 PB1 按钮,若活塞杆开始推出,即可松开 PB1 按钮。按压按钮 PB2(后退按钮),二位五通换向阀内 P、A 两口相通,B、S 两口相通,如图 2-3b 所示,活塞杆缩回;松开 PB2 按钮,活塞杆仍继续缩回。操作活塞杆缩回的正确方法是,手压 PB2 按钮,若活塞杆开始缩回,即可松开 PB2 按钮。由此可知,二位五通双气控换向阀具有记忆特性。

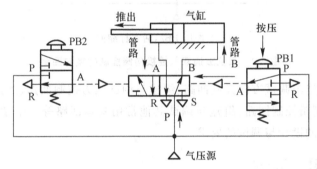

(a) 按压 PB1,活塞杆推出

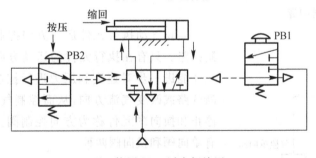

(b) 按压 PB2,活塞杆缩回

图 2-3 二位五通双气控换向阀控制的换向回路

2. 三位五通双气控换向阀控制的换向回路

三位五通双气控换向阀(下面简称三位五通换向阀)控制的换向回路如图 2-4 所示。当左侧气控阀有信号时,阀芯位于右位,三位五通换向阀左位工作,活塞向右运动。当右侧气控阀有信号时,阀芯位于左位,三位五通换向阀右位工作,活塞向左运动。当三位五通换向阀处于中位时,气缸两腔之间无流量、无压力差,气缸被锁紧,活塞停止运动。

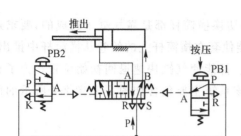
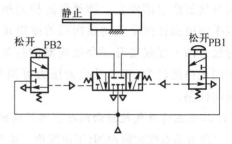

（a）按压 PB1,活塞杆推出　　　　　　　　　　（b）松开 PB1,活塞杆静止

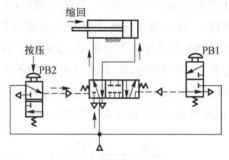

（c）按压 PB2,活塞杆缩回

图 2-4　三位五通双气控换向阀控制的换向回路

本项目包括组建与调试方向控制回路、组建与调试压力控制回路、组建与调试速度控制回路、组建与调试逻辑控制回路、组建与调试其他常用基本回路等 5 个学习任务,以实现对该装置的气动回路的设计与调试的要求。

二、相关知识

（一）方向控制回路

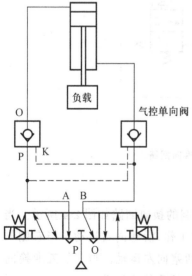

图 2-5　采用气控单向阀的回路

实现气动执行元件运动方向控制的回路是方向控制回路。只有在执行元件的运动方向符合要求的基础上才能进一步对速度和压力进行控制和调节。用于通断气路或改变气流方向,从而控制气动执行元件启动、停止和换向的元件称为方向控制阀。方向控制阀主要有单向阀和换向阀两种。

在防止下落回路中或者在如图 2-2 所示的卷绕机的丝卷满卷后卷绕机台的升降控制问题上,气控单向阀运用得较多。气缸在起吊重物时,如果突然停电或停气,气缸将在负载重力的作用下伸出,此时需要采取安全措施防止气缸下落,使气缸能够保持在原位置。可以在设计回路时采用气控单向阀封闭气缸两腔的压缩空气以防止气缸回落。图 2-5 所示为采用气控单向阀的回路。当三位五通电磁阀左端电磁铁通电后,三位五通电磁阀左位工作,压缩空气经过气控单向阀一路进入气缸无杆腔,另一路将右侧的气控单向阀 K 口打开,使气缸有杆腔中的气体经单向阀排出,此时气缸呈伸出状态。反之,右边电磁铁通电,三位五通电磁阀右位工作,压缩空气经过气控单向阀一路进入气缸有杆腔,另一路将左侧的气控单向阀 K 口打开,使气缸无杆腔中的气体经单向阀排出,气缸呈缩回状态。当电磁阀不通电时,加在气控单向阀上的气控信号消失,气缸两腔的气体被封闭,气缸保持在原位置。

　　换向阀的"位"指的是为了改变气流方向,阀芯相对于阀体所具有的不同工作位置,在图形符号中有几个方格就有几位;换向阀的"通"指的是换向阀与系统相连的通口,有几个通口即为几通,符号"⊤"和"⊥"表示不通。常用换向阀的图形符号见表 2-1 所示。

表 2-1　常用换向阀的图形符号

通数	二　　位		三　　　　位		
二通	动合	动断			
三通	动合	动断			
四通			中位封闭	中位加压	中位卸压
五通			中位封闭	中位加压	中位卸压

(二)压力控制回路

　　在工业控制中,如冲压、拉伸、夹紧等很多过程都需要对执行元件的输出力进行调节,或根据输出力的大小对执行元件的动作进行控制。这不仅是维持系统正常工作所必须的,同时也关系到系统的安全性、可靠性以及执行元件动作能否正常实现等多个方面。因此,压力控制回路也是气动控制中除方向控制回路、速度控制回路以外的一种非常重要的控制回路。在气动系统中调节和控制压力大小的控制元件称为压力控制阀,它主要包括减压阀、安全阀(溢流阀)、顺序阀。

　　气动系统中,进行压力控制主要有两个目的,其一是为了提高系统的安全性,主要指一次压力控制回路;其二是给元件提供稳定的工作压力,使其能充分发挥自身的功能和性能,主要指二次压力控制回路。

1. 一次压力控制回路

一次压力控制回路是指把空压机的输出压力控制在调定值以下。一般情况下,空压机的出口压力为 0.8 MPa 左右,安全压力的调定值一般可根据气动工作压力范围设置在 0.7 MPa 左右。在图 2-6 所示的一次压力控制回路中,空压机的出口连接了一个安全阀,为确保安全,在安全阀的入口不能设置可使回路切断的截止阀等元件。

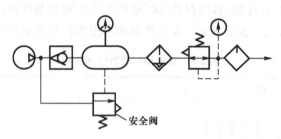

图 2-6　一次压力控制回路

2. 二次压力控制回路

二次压力控制回路主要用于控制每台气动设备的气源进口处压力的调节回路。如图 2-7所示,它可为系统提供稳定的工作压力,满足系统正常工作的安全性、可靠性等要求。该压力的设定是通过调节气动三联件中的减压阀来实现的。

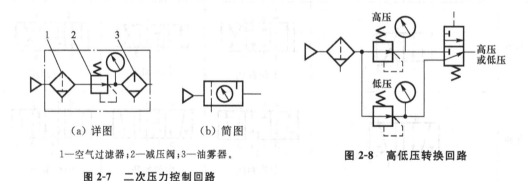

（a）详图　　　　（b）简图

1—空气过滤器;2—减压阀;3—油雾器。

图 2-7　二次压力控制回路

图 2-8　高低压转换回路

3. 高低压转换回路

有些执行机构在不同工作状态下需要不同的工作压力,这就需要系统能分别输出不同的几种压力,即多级压力输出。图 2-8 中采用两个减压阀,分别调整不同的压力,并由换向阀控制输出气动系统所需的压力。

在气动系统中,为了限定系统的最高压力,防止元件和管路损坏,确保系统安全,还需要在超过系统最高设定压力时能自动排气的安全阀。此外,在实际生产中,如在进行冲压、模压、夹紧或吸持工件等工作时,还可以采用专门的压力控制元件根据气动执行元件的工作压力大小来进行动作控制。

（三）速度控制回路

气动系统中,气缸的速度控制是指对气缸活塞从行程起点运动到行程终点的平均速度的控制。时间的控制是指对气缸在其终点位置停留时间的控制和调节。它们常被用来控制气缸的节奏,调整整个动作的循环周期。

在很多气动设备或气动装置中执行元件的运动速度都是可调节的。气缸工作时影响其活塞运动速度的因素有工作压力、缸径和气缸所连气路的最小截面积。通过选择小通径的控制阀或安装节流阀可以降低气缸活塞的运动速度。通过增加管路的通流截面积、使用大通径的控制阀以及采用快速排气阀等方法可以在一定程度上提高气缸活塞的运动速度。其中使用节流阀和快速排气阀都是通过调节进入气缸或气缸排出的空气流量来实现速度控制的,这也是气动回路中最常用的速度调节方式。利用单向节流阀控制单作用气缸活塞运动速度的回路中,单作用气缸活塞前进速度的控制只能用进口节流方式,如图 2-9a 所示;单作用气缸活塞后退速度的控制只能用出口节流方式,如图 2-9b 所示;如果单作用气缸活塞前进及后退速度都需要控制,则可以同时采用两个单向节流阀进行控制,如图 2-9c 所示,活塞前进由节流阀 1V1 控制速度,活塞后退时由节流阀 1V2 控制速度。

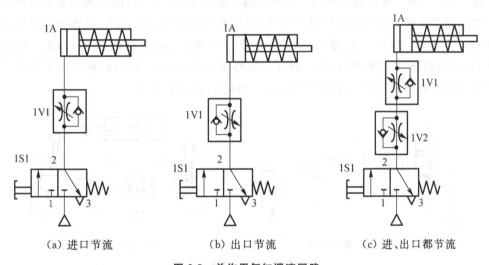

|（a）进口节流|（b）出口节流|（c）进、出口都节流|

图 2-9　单作用气缸调速回路

（四）气动逻辑回路

现代气动系统中的逻辑控制,大多通过 PLC 来实现。但是,有防爆防火要求的场合常会用到一些气动逻辑元件。气动逻辑元件的尺寸较小,在气动控制线路中广泛采用各种形式的气动逻辑元件(逻辑阀)。如图 2-1 所示,卸丝卷是卷绕机的关键动作,为实现该动作,卷绕机的气动回路设计如图 2-10 所示。当 SB1 和 SB2 同时按下时,双压阀打开,压缩空气通过双压阀到达单气控二位五通换向阀,二位五通换向阀在左位工作,压缩空气经过快速排气阀到达无杆腔,气缸做伸出运动。反之,当 SB1 和 SB2 按钮同时松开,或者松开其中一个按钮时,压缩空气经过快速排气阀排出,气缸迅速做缩回运动。

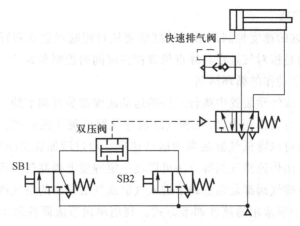

图 2-10 卷绕机卸丝动作的气动回路

（五）其他常用控制回路

1. 延时回路

图 2-11a 所示为延时输出回路。当换向阀 4 输入气控信号后，换向阀 4 处于上位，压缩空气经单向节流阀 3 缓慢向储气罐 2 充气，经延迟一段时间 t 后，充气压力升高到预定值，控制阀 1 换位，控制阀 1 有输出。改变节流口开度，可调节延时换向时间 t 的长短。图 2-11b 为延时断开回路，按下阀 8，则气缸向外伸出，等气缸在伸出行程中压下阀 5 后，压缩空气经节流阀到储气罐 6，延时后才将阀 7 切换位置，气缸退回。

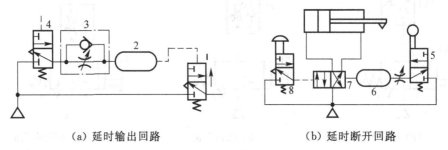

（a）延时输出回路　　　　　　　　（b）延时断开回路

图 2-11 延时回路

2. 过载保护和双手操作安全回路

（1）过载保护回路

过载保护回路是当活塞杆在伸出过程中遇到故障造成气缸过载时，使活塞自动返回的回路。如图 2-12 所示，按下阀 1 使二位五通换向阀处于左端工作位置时，活塞前进；当气缸左腔压力升高超过预定值时，顺序阀 3 打开，控制气体可经梭阀 4 将主控阀 2 切换至图示位置，使活塞缩回，气缸左腔的压力经阀 2 排掉，以防止系统过载。

（2）双手操作安全回路

双手操作安全回路中使用了两个用于启动的手动阀，只有同时按这两个阀时才动作，在锻造、冲压机械上常用来避免误动作，以确保操作的安全，如图 2-13 所示。

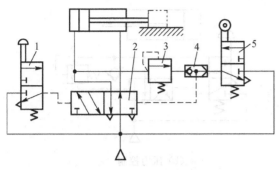

图 2-12　过载保护回路

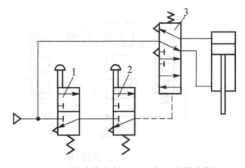

1、2—手动换向阀；3—二位五通换向阀。

图 2-13　双手操作安全回路

（3）互锁回路

图 2-14 所示为互锁回路，该回路主要用于防止各缸的活塞同时动作，确保只有一个活塞动作。该回路主要利用梭阀 1、2、3 及换向阀 4、5、6 进行互锁。如换向阀 7 被切换，那么换向阀 4 也换向，则 A 缸的进气管路的气体使梭阀 1、3 动作，把换向阀 5、6 锁住。所以，即使此时换向阀 8、9 有信号，B、C 缸也不会动作。如要改变缸的动作，必须把前缸动作的气控阀复位。

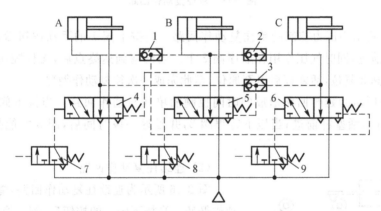

1、2、3—梭阀；4、5、6、7、8、9—换向阀。

图 2-14　互锁回路

3. 顺序动作回路

顺序动作是指在气动回路中，各个气缸按一定程序完成各自的动作。常用的有单往复动作回路和连续往复动作回路两种。

（1）单往复动作回路

所谓单往复动作回路，就是系统输入信号后，气缸只能完成一次往复动作。图 2-15 所示为三种单往复动作回路。

图 2-15a 所示为行程控制的单往复动作回路。按下启动阀 1 的手动按钮后，主控换向阀 3 换位，活塞杆前进；当挡块压下行程阀 2 后，阀 3 复位，活塞杆后退至原位停止，至此完成一次往复动作。

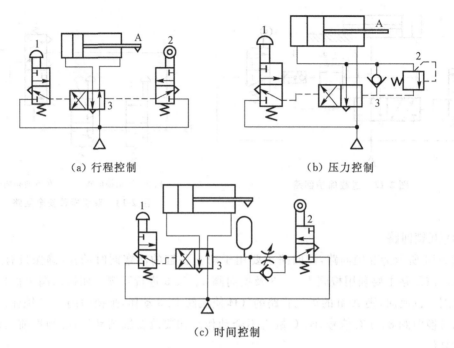

（a）行程控制　　　　　　　　　　（b）压力控制

（c）时间控制

图 2-15　单往复动作回路

图 2-15b 所示为压力控制的单往复动作回路。当按下阀 1 的手动按钮后，主控换向阀换位，活塞杆前进，同时气压作用在顺序阀 2 上。当活塞到达终点后，无杆腔压力升高并打开顺序阀，使阀 3 复位，活塞杆后退至原位，至此完成一次往复动作循环。

图 2-15c 所示为延时回路形成的时间控制的单往复动作回路。当按下阀 1 的手动按钮后，阀 3 换向，活塞杆前进；当压下行程阀 2，并延迟一段时间后，阀 3 才能换向，然后活塞杆再缩回。

（2）连续往复动作回路

图 2-16 所示为连续往复动作回路，能完成连续的动作循环。当按下阀 1 的按钮后，阀 4 换位，活塞向前运动，这时由于阀 3 的复位将气路封闭，使阀 4 不能复位，活塞连续前进。活塞到达行程终点压下行程阀 2，使阀 4 控制气路排气，在弹簧作用下阀 4 复位，气缸返回。在终点压下阀 3，阀 4 换向，活塞再次向前，形成了连续的往复动作。只是当提起阀 1 的按钮后，阀 4 复位，活塞返回，进而停止运动。

4. 同步回路

同步回路是指驱动两个或两个以上机构时，使它们在运动过程中保持位置同步。同步控制是速度控制的一种特例。

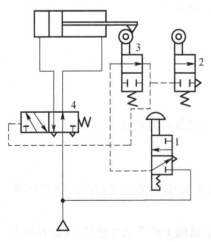

图 2-16　连续往复动作回路

图 2-17 所示为采用出口节流调速阀的同步回路。使用这种同步控制方法时,如果气缸缸径相对负载而言足够大,工作压力足够高的话,可以取得一定程度的同步效果。但不适用于负载 F_1 和 F_2 变化较大的场合。

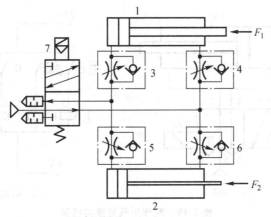

1、2—气缸;3、4、5、6—单向节流调速阀;7—二位三通滑阀。

图 2-17　同步回路

互动练习

项目二自测

三、操作训练

任务一　组建与调试方向控制回路

1. 任务分析

组建与调试如图 2-18 和图 2-19 所示的换向回路,工时定额各为 40 min。

在图 2-18 所示的单作用气缸换向回路中,当按下 SB,电磁换向阀 YA 通电后,电磁换向阀阀芯右位工作,气体经电磁阀 1 口到 2 口,进入气缸无杆腔,活塞在气压作用下向右运动。当电磁换向阀 YA 断电后,电磁换向阀左位工作,气缸活塞在弹簧作用下返回,气缸无杆腔内的余气经换向阀排气口排入大气。

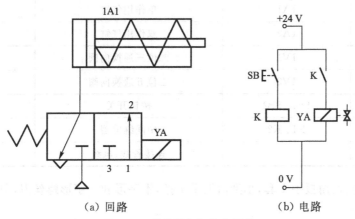

（a）回路　　　　　　　（b）电路

图 2-18　单作用气缸换向回路

在图 2-19 所示的双作用气缸换向回路中,当按下 SB1,左侧电磁阀 YA1 给电后,电磁换向阀左位工作,气体经进气口 1 到达口 4,进入气缸无杆腔,活塞杆伸出,有杆腔余气经换向阀排气口 3 排出。当按下 SB2,右侧电磁换向阀线圈 YA2 有信号时,电磁换向阀右位工作,气体经进气口 1 到达口 2,进入气缸有杆腔,活塞杆回缩,无杆腔余气经电磁换向阀排气口 5 排出。

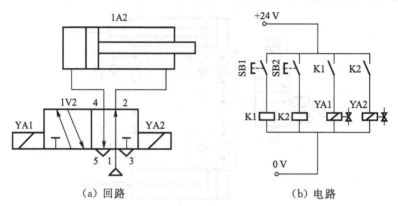

(a) 回路　　　　　　　　　(b) 电路

图 2-19　双作用气缸换向回路

在组建与调试方向控制回路时,要遵循以下操作规程:

(1) 熟悉实训设备的使用方法,例如气源的开关、气压的调整、管路的连接等。

(2) 检查所有气管是否有破损、老化,气管口是否平整。

(3) 打开气源时,手握气源开关观察一段时间,防止因管路未接好而松脱。

(4) 打开气源,观察、记录回路运行情况,对设备使用中出现的问题进行分析,并解决问题。

(5) 完成操作后,及时关闭气源。

2. 设备及工具介绍

(1) 设备:实训台、实验室模拟设备。组建与调试方向控制回路时,方向控制回路中的主要元器件见表 2-2。

表 2-2　方向控制回路中的主要元器件

序号	符　　号	元器件名称	数量
1	1A1	单作用气缸	1
2	1A2	双作用气缸	1
3	1V1	二位三通换向阀	1
4	1V2	二位五通换向阀	1
5	SB1、SB2	按钮开关	2
6	K1、K2	中间继电器	2
7		连接管线、电线	若干米

(2) 工具:内六角扳手 1 套,小型活扳手 1 把,十字形和一字形螺丝刀,剪刀。

3. 操作过程

(1) 组建与调试方向控制回路的步骤

① 根据方向控制回路的要求,选用表 2-2 中的各元器件,并检查其功能是否良好。

② 在实训台上,按照图 2-18、图 2-19 所示元件的位置固定好元件。

③ 根据图 2-18、图 2-19 进行主气路、控制气路的连接,再进行管路和电路的连接,并固定好管路和电路。

④ 确认连接正确、可靠后,打开气源运行系统,调试方向控制回路,实现其功能。

(2) 工艺要求

① 元件安装要牢固,不能出现松动。

② 管路和电路连接要可靠,气管插头要插到底。

③ 管路和电路走向要合理,避免管路交叉。

4. 任务实施评价

组建与调试方向控制回路的评价标准见表 2-3。

表 2-3　组建与调试方向控制回路的评价标准

序号	评价内容	评 分 建 议	分值	小组评分	教师评分	备注
1	元件安装	元件安装不牢固,扣 3 分/只	30 分			
		元件选用错误,扣 5 分/只				
		漏接、脱落、漏气,扣 2 分/处				
2	布线	布局不合理,扣 2 分/处	30 分			
		长度不合理,扣 2 分/根				
		没有绑扎或绑扎不到位,扣 2 分/处				
3	通气	通气不成功,扣 5 分/次	30 分			
		时间调试不正确,扣 3 分/处				
4	文明实训	没有整齐地摆放工具、元器件,扣 4 分	10 分			
		完成后没有及时清理工位,扣 6 分				
合　　计			100 分			

任务二　组建与调试压力控制回路

1. 任务分析

组建与调试采用单向顺序阀的压力控制回路(图 2-20)及采用压力顺序阀的压力控制回路(图 2-21),工时定额各 40 min。

如图 2-20 所示,接通气源后,按下按钮阀 1S1 的按钮,手动换向阀上位工作,气体通过手控换向阀与双气控换向阀 1V1 的 14 口相通,双气控换向阀右位工作,压缩空气推动双作用气缸 1A 的活塞杆伸出,在活塞杆伸出过程中松开按钮阀,由于双气控换向阀具有记忆功能,活塞杆仍能伸到前位。在进气过程中,单向顺序阀 1V2 的单向阀在弹簧和进气压力的作用下处于关闭状态。当活塞杆到位后,气缸左腔压力不断升高,直至单向顺序阀 1V2 动作,反向流动的压缩空气从 A 口与 12 控制口相通,双气控二位五通阀 1V1 左位工作,双作用气缸 1A 的活塞杆处于缩回状态。

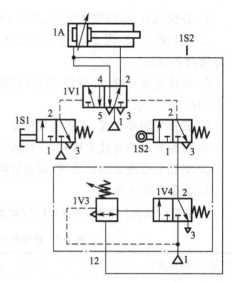

图 2-20 采用单向顺序阀的压力控制回路　　图 2-21 采用压力顺序阀的压力控制回路

在图 2-21 所示的回路中,按下按钮阀 1S1,主控阀 1V1 换向,左位工作,活塞左腔进气,活塞前进;当活塞杆碰到行程阀 1S2,且无杆腔气压达到顺序阀的调定压力时,打开顺序阀 1V3,使 1V4 左位工作,压缩空气经 1V4 左位、行程阀 1S2 左位使主阀 1V1 复位,即右位工作,活塞右腔进气,活塞后退。这种控制回路可保证在活塞到达行程终点,且活塞左腔压力达到预定压力值时,活塞才后退。

组建与调试压力控制回路时,要遵循以下操作规程:

（1）熟悉实训设备的使用方法,例如气源的开关、气压的调整、管路的连接等。

（2）检查所有气管是否有破损、老化,气管口是否平整。

（3）打开气源时,手握气源开关观察一段时间,防止因管路未接好而松脱。

（4）打开气源,观察、记录回路运行情况,对设备使用中出现的问题进行分析,并解决问题。

（5）完成操作后,及时关闭气源。

2. 设备及工具介绍

（1）设备:实训台、实验室模拟设备。另外,组建与调试压力控制回路时,压力控制回路中的主要元器件见表 2-4。

表 2-4 压力控制回路中的主要元器件

序号	符 号	元器件名称	数量
1	1A	可调双作用气缸	2
2	1V1	双气控二位五通换向阀	2
3	1V2	单向顺序阀	1
4	1V3	压力顺序阀	1
5	1V4	单气控二位三通换向阀	1
6	1S2	二位三通滚轮行程阀	1
7	1S1	手动二位三通换向阀	2

（2）工具：内六角扳手1套，小型活扳手1把，十字形和一字形螺丝刀，剪刀。

3. 操作过程

（1）组建与调试压力控制回路的步骤

① 根据压力控制回路的要求，选用表2-4中的各元器件，检查其功能是否良好。

② 按照图2-20、图2-21所示元件的位置固定好元件。

③ 根据图2-20、图2-21进行管路连接，并固定好管路。

④ 确认连接正确、可靠后，打开气源运行系统，调试压力控制回路，实现其功能。

（2）工艺要求

① 元件安装要牢固，不能出现松动。

② 管路连接要可靠，气管插头要插到底。

③ 管路走向要合理，避免管路交叉。

4. 任务实施评价

组建与调试压力控制回路的评价标准见表2-5。

表 2-5　组建与调试压力控制回路的评价标准

序号	评价内容	评 分 建 议	分值	小组评分	教师评分	备注
1	元件安装	元件安装不牢固，扣3分/只	30分			
		元件选用错误，扣5分/只				
		漏接、脱落、漏气，扣2分/处				
2	布线	布局不合理，扣2分/处	30分			
		长度不合理，扣2分/根				
		没有绑扎或绑扎不到位，扣2分/处				
3	通气	通气不成功，扣5分/次	30分			
		时间调试不正确，扣3分/处				
4	文明实训	没有整齐地摆放工具、元器件，扣4分	10分			
		完成后没有及时清理工位，扣6分				
合　　　计			100分			

任务三　组建与调试速度控制回路

1. 任务分析

组建与调试单气缸速度控制回路（图2-22）及使用快速排气阀的速度控制回路（图2-23），工时定额各40 min。

在图2-22所示的回路中，当手控换向阀阀芯处于左位时，通过调节单向节流阀1V1的开度，控制气缸左侧无杆腔的进气流量，以控制活塞杆伸出的速度。当手动换向阀阀芯处于右位时，通过调节单向节流阀1V2的开度，控制气缸左侧无杆腔的出气流量，以控制活塞回程的速度。

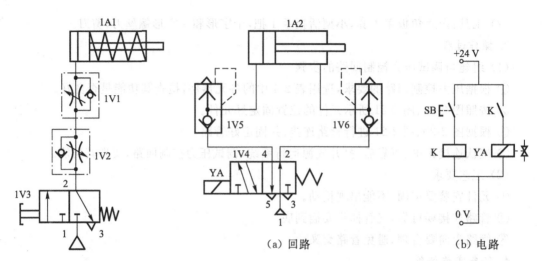

图 2-22　单气缸速度控制回路　　　　图 2-23　使用快速排气阀的速度控制回路

在图 2-23 所示的回路中,当按下 SB,电磁换向阀 YA 得电,阀芯处于左位时,气缸的有杆腔气体通过右侧快速排气阀 1V6 排出,使活塞杆伸出。当松开 SB,YA 失电,电磁换向阀阀芯处于右位时,气缸的无杆腔气体通过左侧快速排气阀 1V5 排出,使活塞回程。

组建与调试速度控制回路时,要遵循以下操作规程:

(1)熟悉实训设备的使用方法,例如气源的开关、气压的调整、管路的连接等。

(2)检查所有气管是否有破损、老化,气管口是否平整。

(3)打开气源时,手握气源开关观察一段时间,防止因管路未接好而松脱。

(4)打开气源观察、记录回路运行情况,对设备使用中出现的问题进行分析,并解决问题。

(5)完成操作后,及时关闭气源。

2.设备及工具介绍

(1)设备:实训台、实验室模拟设备。组建与调试速度控制回路时,速度控制回路中的主要元器件见表 2-6。

表 2-6　速度控制回路中的主要元器件

序号	符　号	元器件名称	数量
1	1A1	单作用气缸	1
2	1A2	双作用气缸	1
3	1V1、1V2	节流调速阀	各 1
4	1V5、1V6	快速排气阀	各 1
5	1V3	手动二位三通换向阀	1
6	1V4	单电控二位五通换向阀	1
7	K	中间继电器	1
8	SB	按钮开关	1

（2）工具：内六角扳手 1 套，小型活扳手 1 把，十字形和一字形螺丝刀，剪刀。

3. 操作过程

（1）组建与调试速度控制回路的步骤

① 根据速度控制回路的要求，选用表 2-6 中的各元器件，检查其功能是否良好。

② 按照图 2-22、图 2-23 所示元件的位置，固定好元件。

③ 根据图 2-22、图 2-23 进行管路和电路连接，并固定好管路和电路。

④ 确认连接正确、可靠后，打开气源运行系统，调试速度控制回路，实现其功能。

（2）工艺要求

① 元件安装要牢固，不能出现松动。

② 管路连接要可靠，气管插头要插到底。

③ 管路走向要合理，避免管路交叉。

4. 任务实施评价

组建与调试速度控制回路的评价标准见表 2-7。

表 2-7　组建与调试速度控制回路的评价标准

序号	评价内容	评 分 建 议	分值	小组评分	教师评分	备注
1	元件安装	元件安装不牢固，扣 3 分/只	30 分			
		元件选用错误，扣 5 分/只				
		漏接、脱落、漏气，扣 2 分/处				
2	布线	布局不合理，扣 2 分/处	30 分			
		长度不合理，扣 2 分/根				
		没有绑扎或绑扎不到位，扣 2 分/处				
3	通气	通气不成功，扣 5 分/次	30 分			
		时间调试不正确，扣 3 分/处				
4	文明实训	没有整齐地摆放工具、元器件，扣 4 分	10 分			
		完成后没有及时清理工位，扣 6 分				
合　　计			100 分			

任务四　组建与调试逻辑控制回路

1. 任务分析

组建与调试采用梭阀的控制回路（图 2-24）及采用双压阀控制的双手操作回路（图 2-25），工时定额各 40 min。

在图 2-24 所示的回路中，当按下二位三通换向阀 1S1 时，1S1 阀左位工作，梭阀 1V1 阀芯右移，压缩空气进入无杆腔，活塞杆做伸出运动。当按下二位三通换向阀 1S2 时，梭阀 1V1 阀芯左移，1V1 阀右位工作，压缩空气进入无杆腔，活塞杆在压缩空气的作用下做伸出运动。

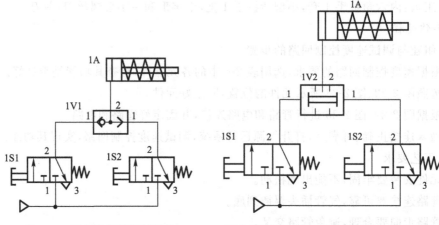

图 2-24　采用梭阀的控制回路　　　图 2-25　采用双压阀控制的双手操作回路

在图 2-25 所示的回路中,需要两个二位三通阀换向阀 1S1、1S2 同时操作,才能使压缩空气进入 1A 单作用气缸的无杆腔,活塞杆在压缩空气的作用下做伸出运动,实现"与"门逻辑控制。双压阀控制常用在安全保护回路(如锻压、冲压设备)中,以确保操作者双手的安全。

组建与调试逻辑控制回路时,要遵循以下操作规程:

(1) 熟悉实训设备的使用方法,例如气源的开关、气压的调整、管路的连接等。

(2) 检查所有气管是否有破损、老化,气管口是否平整。

(3) 打开气源时,手握气源开关观察一段时间,防止因管路未接好而松脱。

(4) 打开气源,观察、记录回路运行情况,对设备使用中出现的问题进行分析,并解决问题。

(5) 完成操作后,及时关闭气源。

2. 设备及工具介绍

(1) 设备:实训台、实验室模拟设备。组建与调试逻辑控制回路时,逻辑控制回路中的主要元器件见表 2-8。

表 2-8　逻辑控制回路中的主要元器件

序号	符　　号	元器件名称	数量
1	1A	单作用气缸	2
2	1S1、1S2	二位三通换向阀	各 2
3	1V1	梭阀	1
4	1V2	双压阀	1

(2) 工具:内六角扳手 1 套,小型活扳手 1 把,十字形和一字形螺丝刀,剪刀。

3. 操作过程

(1) 组建与调试逻辑控制回路的步骤

① 根据逻辑控制回路的要求,选用表 2-8 中的各元器件,检查其功能是否良好。

② 按照图 2-24、图 2-25 所示元件的位置固定好元件。

③ 根据图 2-24、图 2-25 进行管路连接,并固定好管路。

④ 确认连接正确、可靠后,打开气源运行系统,调试逻辑控制回路,实现其功能。

（2）工艺要求

① 元件安装要牢固，不能出现松动。

② 管路连接要可靠，气管插头要插到底。

③ 管路走向要合理，避免管路交叉。

4. 任务实施评价

组建与调试逻辑控制回路的评价标准见表 2-9。

表 2-9 组建与调试逻辑控制回路的评价标准

序号	评价内容	评 分 建 议	分值	小组评分	教师评分	备注
1	元件安装	元件安装不牢固，扣 3 分/只	30 分			
		元件选用错误，扣 5 分/只				
		漏接、脱落、漏气，扣 2 分/处				
2	布线	布局不合理，扣 2 分/处	30 分			
		长度不合理，扣 2 分/根				
		没有绑扎或绑扎不到位，扣 2 分/处				
3	通气	通气不成功，扣 5 分/次	30 分			
		时间调试不正确，扣 3 分/处				
4	文明实训	没有整齐地摆放工具、元器件，扣 4 分	10 分			
		完成后没有及时清理工位，扣 6 分				
合 计			100 分			

任务五　组建与调试其他常用基本回路

1. 任务分析

组建与调试如图 2-26 所示的自动和手动转换控制回路，工时定额各 40 min。

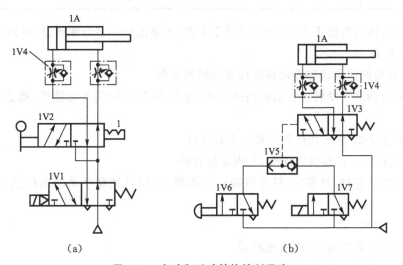

(a)　　　　　　　　　　(b)

图 2-26 自动和手动转换控制回路

图 2-26a 中采用了二位五通手动换向阀、二位五通电磁换向阀控制的自动和手动转换回路。图 2-26b 中采用了二位三通手动换向阀、二位三通电磁换向阀和梭阀。当电磁换向阀 1V7 通电时,气缸的动作由电气自动控制实现;当操作按钮换向阀 1V6 时,气缸的动作由手动控制实现。此回路的主要用途是当停电或电磁阀发生故障时,确保气动系统仍能工作。

组建与调试自动和手动转换控制回路时,要遵循以下操作规程:

(1) 熟悉实训设备的使用方法,例如气源的开关、气压的调整、管路的连接等。

(2) 检查所有气管是否有破损、老化,气管口是否平整。

(3) 打开气源时,手握气源开关观察一段时间,防止因管路未接好而松脱。

(4) 打开气源,观察、记录回路运行情况,对设备使用中出现的问题进行分析,并解决问题。

(5) 完成操作后,及时关闭气源。

2. 设备及工具介绍

(1) 设备:实训台、实验室模拟设备。组建与调试自动和手动转换控制回路时,自动和手动转换控制回路中的主要元器件见表 2-10。

表 2-10　自动和手动转换控制回路中的主要元器件

序　号	符　号	元器件名称	数量
1	1V1	二位五通电磁换向阀	1
2	1V2	二位五通手动换向阀	1
3	1V4	单向节流阀	4
4	1V3	单气控二位五通换向阀	1
5	1V5	梭阀	1
6	1V6	二位三通按钮换向阀	1
7	1V7	二位三通电磁换向阀	1
8	1A	双作用气缸	2

(2) 工具:内六角扳手 1 套,小型活扳手 1 把,十字形和一字形螺丝刀,剪刀。

3. 操作过程

(1) 组建与调试自动和手动转换控制回路的步骤

① 根据自动和手动转换控制回路的要求,选用表 2-10 中的各元器件,检查其功能是否良好。

② 按照图 2-26 所示元件的位置固定好元件。

③ 根据图 2-26 进行管路连接,并固定好管路。

④ 确认连接正确、可靠后,打开气源运行系统,调试自动和手动转换控制回路,实现其功能。

(2) 工艺要求

① 元件安装要牢固,不能出现松动。

② 管路连接要可靠,气管插头要插到底。

③ 管路走向要合理,避免管路交叉。

4.任务实施评价

组建与调试自动和手动转换控制回路的评价标准见表2-11。

表 2-11 组建与调试自动和手动转换控制回路的评价标准

序号	评价内容	评 分 建 议	分值	小组评分	教师评分	备注
1	元件安装	元件安装不牢固,扣3分/只	30 分			
		元件选用错误,扣5分/只				
		漏接、脱落、漏气,扣2分/处				
2	布线	布局不合理,扣2分/处	30 分			
		长度不合理,扣2分/根				
		没有绑扎或绑扎不到位,扣2分/处				
3	通气	通气不成功,扣5分/次	30 分			
		时间调试不正确,扣3分/处				
4	文明实训	没有整齐地摆放工具、元器件,扣4分	10 分			
		完成后没有及时清理工位,扣6分				
合　　计			100 分			

四、知识拓展

大国工匠

气动专家——
李宝仁

气动系统的使用与维护

维持气动系统良好的工作性能,在很大程度上取决于正确的使用和及时的维护与保养。大量的使用经验表明,预防故障发生的最好办法是加强设备的定期检查,进行经常性的维护与保养。

1.气动系统的安装

气动系统的安装,包括气动元件的安装和管路的安装。各种气动元件的安装和具体要求,在产品说明中有详细的介绍,但要特别注意以下几点:

① 应注意阀的安装位置和标明的安装方向。

② 逻辑元件应根据控制回路的需要,成组地装在底板上,并在底板上开出气路,用软管接出。

③ 气缸的中心线与负载作用力的中心线要重合,否则会产生侧向力,使密封加速磨损、活塞杆弯曲。

④ 各种自动控制仪表、自动控制器、压力继电器等,在安装前应进行校验。

⑤ 管路应尽量平行布置,减少交叉,力求最短、转弯最少,并尽量做到拆装自如。

⑥ 安装软管时要有一定的弯曲半径,不允许有拧扭现象,并且远离热源或安装隔热板。

2. 使用气动系统时的注意事项

① 在开车前后要放掉系统中的冷凝水,给油雾器注油。

② 开车前检查各调节手柄是否在正确的位置,机控阀、行程开关、挡块的位置是否正确、牢固,对导轨、活塞杆等外露部分的配合表面进行擦拭,去掉灰尘等杂物。

③ 空气过滤器的滤芯要定期清洗,保持压缩空气的清洁度。

④ 设备长期不用时,应将各手柄放松,防止弹簧永久变形而影响元件的调节性能,同时裸露在空气中的配合表面要涂一层防锈油。

3. 气动系统的日常维护

气动系统日常维护的主要内容是冷凝水的排放和系统润滑的管理。

(1) 放出冷凝水

主要是通过相关元件将其放出即可。

(2) 系统润滑

在气动系统中,凡是相对运动的表面都需要润滑。如果润滑不当,会使摩擦阻力增大而导致元件动作不灵,使密封面磨损引起系统泄漏等危害。

① 润滑油的性质直接影响润滑效果。通常高温环境下使用高黏度润滑油,低温环境下使用低黏度润滑油。

② 供油量取决于润滑部位的形状、运动状态及负载大小。供油量应大于实际需要量。一般以每 $10 \ m^3$ 自由空气供给 $1 \ mL$ 的油量为基准。

③ 要注意油雾器的工作是否正常,如果工作中油量没有减少,需及时检修或更换油雾器。

4. 气动系统的定期维护

气动系统的定期维护、检修,应根据说明书中要求的时间间隔进行。其主要内容包括:

① 检查系统各密封处,看是否有泄漏。

② 检查方向控制阀的排气口,判断润滑油是否适度,空气中是否有冷凝水,是否有空气泄漏。如果润滑不良,应检查油雾器规格是否合适、安装位置是否恰当、滴油量是否正常等。

如果有大量冷凝水排出,应检查过滤器的安装位置是否恰当、排除冷凝水的装置是否合适、排出冷凝水是否彻底。

如果方向控制阀排气口关闭时,仍有少量泄漏,往往是元件损伤的初期阶段现象,可更换磨损的元件,以防止发生动作不灵的状况。

③ 检查安全网、紧急安全停车开关动作是否可靠。在定期检修时,必须确认其动作的可靠性,以确保设备安全和人身安全。

④ 检查换向阀的动作是否可靠。可根据换向时的声音,判断铁心和衔铁配合处是否有杂质,检查铁心是否有磨损、密封件是否老化。

⑤ 多次开动换向阀,观察气缸动作,判断活塞上的密封是否良好。检查活塞杆外露部分,以判别前盖的配合是否有泄漏。

⑥ 将各项检查和修复的结果记录下来,作为设备出现故障时查找原因和设备大修时的参考资料。

只有正确使用与精心维护气动设备,才能防止元件过早磨损和遭受可避免的损坏,从而使设备长期处于良好的工作状态,发挥应有的作用。

五、思考与练习

(一)填空题

1. 用于改变气体通道,使气体流动_____发生变化,从而改变气动执行元件的运动方向的元件称为_____阀。换向阀按操控方式分主要有_____、_____、_____和_____操纵控制四类。

2. 用于通断气路或改变气流方向,从而控制气动方向执行元件启动、停止和换向的元件称为_____控制阀。方向控制阀主要有_____和_____两种。

3. 压力控制回路常用的有_____、_____、_____。其中,_____控制回路主要的作用是使储气罐输出气体的压力不超过规定值。

4. 单缸单往复动作是指输入_____个信号后,气缸只完成_____次往复动作;连续往复动作是指输入_____个信号后,气缸的往复动作可连续进行。

5. 二次压力控制回路多采用_____。

6. _____可用于速度控制回路中控制气缸的速度。

7. 当输入两个或多个控制信号时,只有它们都满足条件时才能够产生输出,这就构成了逻辑_____的关系。

8. 当输入两个或多个控制信号时,其中的一个满足条件就能产生输出,这就是逻辑_____的关系。

9. 常见的气动逻辑元件有_____、_____、_____、_____、_____、_____。

10. 气动逻辑元件是一种以_____为工作介质,通过_____的动作,改变气流_____,从而实现_____的气体控制元件。

(二)判断题

1. 单向阀是用来控制气流方向,使之只能单向通过的方向控制阀。　　　　　(　　)

2. 气动控制换向阀是利用机械外力来实现的。　　　　　　　　　　　　　(　　)

3. 顺序阀常与单向阀组合使用,称为单向顺序阀。　　　　　　　　　　　(　　)

(三)简答题

1. 简述减压阀的工作原理。

2. 压力控制回路有哪几种?

3. 速度控制回路有哪几种?

4. 简述流量控制阀的种类、工作原理和应用。

5. 气动系统中压缩空气经减压阀后压力降过大的原因有哪些?如何排除?

(四)分析题

1. 分析图 2-27 所示的回路,回答问题。

(1)元件 3、7 的名称分别是_____、_____。

(2)该回路采用_____方式进行调速。

（3）该回路的功能是_____。

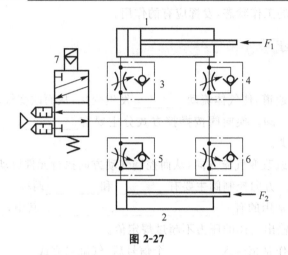

图 2-27

2. 说明图 2-28 所示气动回路的工作原理和特点。

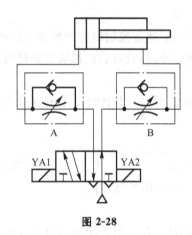

图 2-28

项目三　典型气压传动系统的安装与调试

一、项目介绍

气动技术发展的时间虽然不长,但目前已成为一门独立的技术。气动技术是实现工业生产自动化和半自动化的方式之一,在现代工业的各个领域中应用越来越普及,并日益受到人们的重视。气动元件在小型化、集成化、无油化方面发展迅速,其工作可靠性、元件使用寿命以及电气一体化程度均有很大的提高。

气动装置具有结构简单、无污染、工作速度快、动作频率高等特点,适用于完成频繁启动的辅助动作;气动装置有良好的过载安全性,不易发生过载、损坏机件等事故,也常用于功率不大、精度要求不高的场合,如工件装卸、刀具更换等。

本项目的主要任务有安装与调试数控加工中心气动换刀系统、安装与调试机械加工自动线工件夹紧气动系统、安装与调试公共汽车车门气动系统、安装与调试插销分送机构气动系统、安装与调试汽车气压式制动传动装置等典型的气动系统。理论与实践相结合,使学生掌握实际气动系统的工作分析方法及安装与调试的方法。

二、相关知识

(一)数控加工中心气动换刀系统

气动系统在数控机床及加工中心上均得到了广泛的运用,例如,应用在 XH754 卧式加工中心(图 3-1)的换刀系统中。

自动换刀过程如下:

(1)主轴定位。主轴 2 准确停转,然后主轴箱上升,待卸刀具插入刀库 3 的空挡位置,刀具即被刀库中的定位卡爪钳住。

(2)主轴松刀。主轴内刀杆自动夹紧装置放松刀具。

(3)拔刀。刀库伸出,从主轴锥孔中将待卸刀具拔出。

(4)刀库转位。将选好的刀具转到最下方。

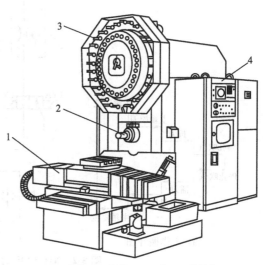

1—工作台;2—主轴;3—刀库;4—数控柜。

图 3-1　XH754 卧式加工中心

（5）主轴锥孔吹气。压缩空气将主轴锥孔吹净。

（6）插刀。刀库退回，将新刀插入主轴锥孔中。

（7）刀具夹紧。主轴内夹紧装置将刀杆夹紧。

（8）主轴复位。主轴下降到加工位置，开始下一步的加工。

这种换刀系统不需要机械手，结构比较简单。刀库转位由伺服电动机通过齿轮、蜗杆蜗轮的传动来实现。气动系统在换刀过程中实现主轴的定位、松刀、拔刀、向主轴锥孔吹气和插刀等动作，如图 3-2 所示。

换刀系统的工作原理为：当数控系统发出换刀指令后，主轴停转，同时 4YA 通电，压缩空气经气动三大件 1→换向阀 4→单向节流阀 5→主轴定位缸 A 的右腔，缸 A 活塞左移，使主轴自动定位；定位后压下无触点开关使 6YA 通电，压缩空气经换向阀 6→快速排气阀 8→气液增压缸 B 的上腔，增压缸的活塞杆伸出，实现主轴松刀；同时使 8YA 通电，压缩空气经换向阀 9→单向节流阀 11→缸 C 的上腔，活塞下移实现拔刀；回转刀库转位，同时 1YA 通电，压缩空气经换向阀 2→单向节流阀 3→向主轴锥孔吹气，稍后 1YA 断电，2YA 通电，停止吹气；8YA 断电，7YA 通电，压缩空气经换向阀 9→单向节流阀 10→缸 C 的下腔，活塞上移，实现插刀；6YA 断电，5YA 通电，压缩空气经换向阀 6→气液增压缸 B 的下腔，活塞上移，主轴的机械机构夹紧刀具；4YA 断电，3YA 通电，缸 A 的活塞在弹簧力的作用下复位，恢复到开始状态，换刀结束。

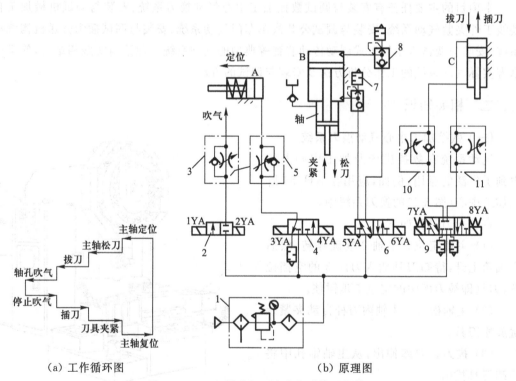

（a）工作循环图　　　　　　（b）原理图

图 3-2　XH754 卧式加工中心气动换刀系统

在工作循环中，电磁阀的电磁铁动作顺序见表 3-1。

表 3-1 电磁阀的电磁铁动作顺序

换刀步骤	1YA	2YA	3YA	4YA	5YA	6YA	7YA	8YA
主轴定位				+				
主轴松刀				+		+		
拔刀				+		+		+
主轴锥孔吹气	+			+		+		+
吹气停	−	+		+				+
插刀				+		+	+	−
刀具夹紧				+	+			
主轴复位			+	−				

注:"+"表示电磁铁通电;"−"表示电磁铁断电。

(二)机械加工自动线工件夹紧气动系统

图 3-3 所示为机械加工自动线和组合机床中常用的自动线工件夹紧气动系统。它的工作原理是:当工件运行到指定位置后,气缸 A 的活塞杆向下伸出,将工件定位锁紧后,两侧的气缸 B 和 C 的活塞杆同时伸出,从两侧面压紧工件,实现夹紧,而后进行机械加工。

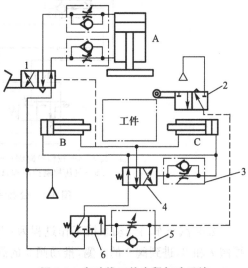

图 3-3 自动线工件夹紧气动系统

其气动动作过程如下:当用脚踏下脚踏换向阀 1(在自动线中往往采用其他形式的换向方式)后,压缩空气经单向节流阀进入气缸 A 的上腔,夹紧头下降至锁紧位置后使机动行程阀 2 动作,并切换到左位,压缩空气经单向节流阀 5,进入二位三通换向阀 6 的右侧,使阀 6 的右位接入(调整阀 5 中的节流阀开口可以控制阀 6 的延时接通时间),压缩空气经阀 6 右位通过主控阀 4 的左位进入气缸 B 和 C 的无杆腔,两气缸的活塞杆同时伸出夹紧工件,然后开始机械加工。与此同时,流过主控阀 4 的压缩空气的一部分经单向节流阀 3 进入主控阀 4 的右端,待机械加工完成后(时间由阀 3 中节流阀控制),使主控阀 4 换向到右位,两气缸 B 和 C 返回。在两气缸返回的过程中,有杆腔的压缩空气使脚踏阀 1 复位(右位接入),则气缸 A 返回。此时,由于气缸 A 返回使行程阀 2 复位(右位接入),所以阀 6 也复位,由于阀 6 复位,气缸 B 和 C 的无杆腔经由主控阀 4 和阀 6 通大气,主控阀 4 自动复位。完成了"缸 A 活塞杆伸出压下→夹紧缸 B、C 活塞杆伸出夹紧→夹紧缸 B、C 活塞杆缩回松开→缸 A 活塞杆缩回松开"的动作循环。该气动系统只有在踏下脚踏换向阀 1 后才能开始下一个循环。

（三）公共汽车车门气动系统

公共汽车的车门采用气动控制,在司机座位和售票员座位处都装有气动开关,司机和售票员都可以开关车门,且当车门在关闭过程中遇到障碍时,车门能自动开启,实现安全保护作用。公共汽车车门气动系统工作原理如图 3-4 所示。该系统主要由 1 个气源装置、1 个气缸、1 个气压控制换向阀、1 个机动换向阀、2 个单向节流阀、3 个或门型梭阀、4 个按钮换向阀等气动元件组成。车门的开关靠气缸 12 来实现;气缸由气控换向阀 9 控制,而气控换向阀又由 1、2、3、4 四个按钮换向阀操纵;气缸运动速度的快慢由单向节流阀 10 或 11 调节。通过阀 1 或阀 3 使车门开启,通过阀 2 或阀 4 使车门关闭。实现安全保护作用的机动换向阀 5 安装在车门上。

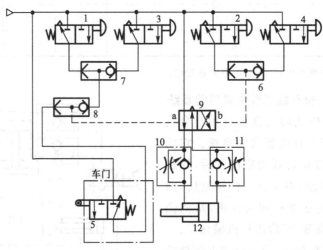

1、2、3、4—按钮换向阀;5—机动换向阀;6、7、8—或门型梭阀;
9—气压控制换向阀;10、11—单向节流阀;12—气缸。

图 3-4　公共汽车车门气动系统原理

公共汽车车门气动系统工作过程为:当操纵阀 1 或阀 3 时,压缩空气便经阀 1 或阀 3 到梭阀 7 和 8,进到阀 9 的 a 侧,推动阀 9 的阀芯向右移动,使阀 9 处于左位;压缩空气便经阀 9 左位和阀 10 中的单向阀到气缸有杆腔,推动活塞而使车门开启。当操纵阀 2 或阀 4 时,压缩空气则经阀 6 到阀 9 的 b 侧,使阀 9 处于右位;压缩空气则经阀 9 右位和阀 11 中的单向阀到气缸的无杆腔,使车门关闭。车门在关闭过程中若碰到障碍物,便推动阀 5,使压缩空气经阀 5→阀 8→阀 9 的 a 端,使车门重新开启。但是,若阀 2 或阀 4 仍然保持按下状态,则阀 5 起不到自动开启车门的安全作用。

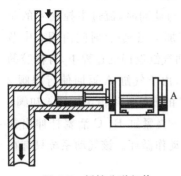

图 3-5　插销分送机构

（四）插销分送机构气动系统

插销分送机构(图 3-5)可以将插销有节奏地送入测量机。该机构要求气缸 A 前向冲程时间 $t_1=0.6\ \text{s}$,回程时间 $t_2=0.4\ \text{s}$,停止在前端位置的时间 $t_3=1.0\ \text{s}$,一个工作循环完成后,下一循环自动连续。

前向冲程时间可由进程节流阀调节,停顿时间由延时阀调节,插销分送机构气动系统如图 3-6 所示。阀 V_1 调节气缸前进速度,阀 V_0 调节气缸退回速度,S 为启动阀,延时阀 T 可调节停顿时间,a_0、a_1 为气缸行程开关,分别控制两个二位三通行程换向阀。

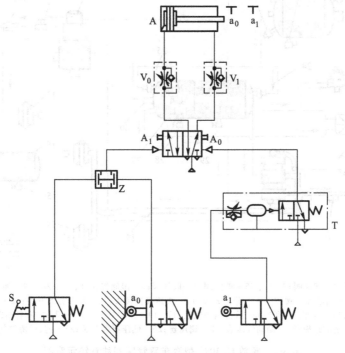

图 3-6　插销分送机构气动系统

气缸 A 的活塞杆初始位置在左端,活塞杆凸轮压下行程开关 a_0,扳动启动阀 S 后,"与"门 Z 两侧的条件满足,压缩空气流向 A_1,使主控阀换向,活塞杆向前运动。由单向节流阀 V_1 控制前向冲程时间 $t_1 = 0.6$ s。在前端位置,活塞杆凸轮压下行程开关 a_1,向延时阀 T 供气,压缩空气通过节流阀进入储气室,延时 $t_3 = 1.0$ s 后,延时阀 T 中的二位三通阀动作,输出控制信号 A_0,使主控阀动作复位到初始位置(即右位),气缸 A 退回,回程速度受到单向节流阀 V_0 控制,回程时间 $t_2 = 0.4$ s,直至行程开关 a_0 再次被压下,回程结束。如果启动阀 S 保持在开启位置,则活塞杆将继续往复循环,实现插销的自动分送,直到阀 S 关闭,动作循环结束后才停止。

(五)汽车气压式制动传动装置

汽车气压式制动传动装置是将压缩空气作为动力源的动力制动装置。制动时,驾驶员通过控制制动踏板的行程,便可控制制动气压的大小,得到不同的制动强度。其特点是制动操纵省力、制动强度大、踏板行程小;缺点是需要消耗发动机的动力、制动粗暴、结构比较复杂。因此,一般在重型车和部分中型车上采用。

汽车气压式制动传动装置的组成与布置形式随车型而异,但基本工作原理相同。管路的布置形式分为单管路和双管路两种。图 3-7 所示为解放 CAI092 型汽车双管路制动系统示意图。它由气源部分和控制装置两部分组成。气源部分包括空压机、调压装置、气压表、储气筒、低压报警开关和安全阀等;控制装置包括制动踏板、制动控制阀等。

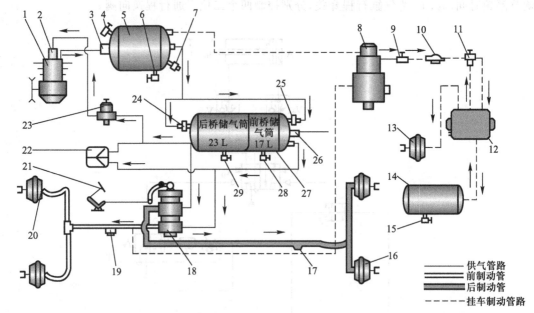

1—空压机;2—卸荷阀;3、24、25—单向阀;4—取气阀;5—湿储气筒;6、15、28、29—油水放出阀;
7—安全阀;8—挂车制动控制阀;9—主车分离开关;10—快速连接接头;11—挂车分离开关;12—挂车制动继动阀;
13—挂车制动器室;14—挂车储气筒;16—后桥制动气室;17、19—制动灯开关;18—制动控制阀;20—前桥制动气室;
21—制动踏板;22—制动气压表;23—调压器;26—低压报警开关;27—前、后桥储气筒。

图 3-7 解放 CAI092 型汽车双管路制动系统示意图

发动机驱动的活塞式空压机将压缩空气经单向阀压入湿储气筒,筒上装有安全阀和供其他系统使用的压缩空气放气阀。压缩空气在湿储气筒内冷却,并进行油水分离,然后进入主储气筒的前、后腔。主储气筒的前腔与制动控制阀的上腔相连,以控制后轮制动,同时,通过三通管与气压表及调压器相连;储气筒后腔与制动控制阀的下腔相连,以控制前轮制动,并通过三通管与气压表相连。气压表为双指针式,分别指示前、后桥储气筒的气压。

当驾驶员踩下制动踏板时,拉杆带动制动控制阀拉臂摆动,使控制阀工作。储气筒前腔的压缩空气经制动控制阀的上腔进入后桥制动气室,使后轮制动;同时储气筒后腔的压缩空气经制动控制阀的下腔进入前桥制动气室,使前轮制动。当放松制动踏板时,制动控制阀使各制动气室通大气,以解除制动。

(六)气动系统的安装、调试与维护要求

1. 气动系统的安装

(1)管路的安装

① 管路的选用:一般主管路、大管径用无缝钢管,支管路、小管径用镀锌管。

② 检查、清洁管路。

安装前应检查管路内壁是否光滑,并进行除锈和清洗,检查合格的管路须吹风后才能安装。

安装后要"空吹"与"放炮"清渣。

③ 按"最短原则,减少转弯,设置排污口、检验口、压力及流量监测装置"的原则排布管路,所有接头处都要紧固和密封。

④ 导管外表面及两端接头应完好,管路焊接应符合规定的标准条件,加工后的几何形状应符合要求。

⑤ 管路支架要牢固,工作时不得产生振动。

⑥ 装紧各处接头,管路不允许漏气。

⑦ 按管路系统图中标明的安装、固定方法安装,在安装气动系统中的管路时应注意下列事项:

- 安装软管时,软管的长度应有一定的余量,尽可能远离热源或安装隔热板。
- 在弯曲时,不能从端部接头处开始弯曲。
- 安装直线段时,不要使端部接头和软管间受拉伸力。
- 系统中任何一段管路均应做到拆装自如。
- 管路安装的倾斜度、弯曲半径、间距和坡向均要符合有关规定。

(2) 元件的安装

① 安装前应对元件进行清洗,必要时进行密封试验。尽可能选用标准模块集成安装。

② 校验各种自动控制仪表、自动控制器、压力继电器等。

③ 按元件的技术规范进行安装,确保其相对位置和方向正确。各类阀体上的箭头方向或标记要符合气流流动的方向。

④ 动密封圈不要装得太紧,尤其是 U 形密封圈,否则阻力变大。

⑤ 移动缸的中心线与负载作用力的中心线要重合,否则会产生侧向力,使密封件加速磨损、活塞杆弯曲。

⑥ 根据控制回路的需要,将逻辑元件成组装在底板上,并在底板上引出气路,用软管接出。

(3) 系统的吹污和试压

① 系统安装后,要用压力为 0.6 MPa 的干燥空气吹除系统中的一切污物。用白布来检查,5 min 内无污物为合格。

② 吹污后,将阀芯、滤芯及活塞等零件拆下清洗。

③ 用气密试验检查系统的密封性是否符合标准。使系统在 1.2~1.5 倍的额定压力下保压一段时间(一般为 2 小时),除去由环境温度变化引起的误差外,其压力变化量不得超过技术文件中的规定值。试验时要把安全阀调整到试验压力,采用分级试验法,随时注意安全。如发现系统异常,要立即停止试验,待查出原因、清除故障后再进行试验。

2. 气动系统的调试

(1) 调试前的准备工作

① 熟悉说明书等有关技术资料,力求全面了解系统的原理、结构、性能及操作方法。

② 了解需要调整的元件在设备上的实际位置、操作方法及调节旋钮的旋向。

③ 按说明书的要求准备好调试的工具、仪表及补接测试管路等。

（2）单个元件的调试

检查各个机构（执行机构和控制元件）的动作是否正常，先手动检查，再单个电控调试。

（3）空载联运调试

空载运行不得少于 2 小时；调整电气控制程序，检查各动作是否能协调工作，观察压力、流量、温度的变化是否正常。如发现异常，立即停车，待排除故障后再继续运行。

（4）负载联运调试

负载试运转应分段加载，运转时间不得少于 2 小时，要注意摩擦部位的温升变化，分别测出有关数据，记入试车记录。

3. 气动系统的维护

气压传动系统的维护分为日常维护、定期维护及系统大修。应注意以下几个方面：

① 日常维护需对冷凝水和系统润滑进行管理。

② 开车前后要放掉系统中的冷凝水。

③ 随时注意压缩空气的清洁度，定期清洗分水滤气器的滤芯。

④ 定期给油雾器加油。

⑤ 开车前检查各调节手柄是否在正确位置，行程阀、行程开关、挡块的位置是否正确、牢固。对活塞杆、导轨等外露部分的配合表面进行擦拭后方能开车。

⑥ 长期不使用时，应将各手柄放松，以免弹簧失效而影响元件的性能。

⑦ 间隔三个月需定期检修，间隔一年应进行系统大修。

⑧ 应定期检验受压容器，对漏气、漏油、噪声等问题进行防治。

互动练习

项目三自测

三、操作训练

任务一　安装与调试数控加工中心气动换刀系统

1. 任务分析

如图 3-2 所示，在气动综合实训台上安装和调试 XH754 卧式加工中心气动换刀系统，工时定额 4 h。

该系统通过数控指令控制电磁铁的通断，实现主轴定位、松刀、拔刀、吹气、插刀、夹紧、主轴复位等顺序动作，使用增压缸及快速排气阀提高松刀与夹紧动作的效率和可靠性。

安装与调试该系统时的注意事项：

（1）注意人身安全和设备安全，严格遵守安全文明生产规程。

（2）注意不要损坏元件。

（3）安装调试完毕后，整理工具和设备，养成良好的职业素养。

2. 设备及工具介绍

气动综合实训台及其配套工具。

3. 操作过程

（1）准备与熟悉技术资料，包括气动系统原理图、电气原理图、管路布置图等。

（2）按气动系统原理图及电气原理图选择合适的气动元件、电气元件。

（3）按相关检验标准对元件质量进行严格检查。

（4）按气动系统原理图及电气原理图牢固安装各元件及其连接。

① 安装气动系统动力元件。

② 安装气动系统执行元件。

③ 安装气动系统控制元件。

④ 安装气动系统辅助元件。

⑤ 安装管路。

⑥ 连接各电路。

（5）自检。

（6）检查无误后通电试车。

① 合上电源，启动气动系统。

② 逐个调节各元件动作，使系统动作达到设计功能要求。

③ 安装调试后，切断电源开关。

4. 任务实施评价

安装与调试数控加工中心气动换刀系统的评价标准见表 3-2。

表 3-2　安装与调试数控加工中心气动换刀系统的评价标准

序号	评价内容	分数	评分建议	得分
1	元件选择	15	每错一件扣 5 分	
2	气动系统安装	20	每错一次扣 5 分	
3	气动系统的动作调试	20	调试失败一次扣 5 分	
4	电路接线	10	接错一处扣 5 分	
5	电路通电调试	15	调试失败扣 10～15 分	
6	气动故障排除	10	排除失败一次扣 5 分	
7	安全文明生产	10		
8	超时酌情扣分			
合　　计		100		

任务二　安装与调试机械加工自动线工件夹紧气动系统

1. 任务分析

在气动综合实训台上安装和调试工件夹紧气动系统，如图 3-3 所示，工时定额 3 h。

该系统采用机动行程阀实现工件定位与夹紧的依次动作，并通过单向节流阀来调节工件定位、夹紧、机械加工等动作之间的延时时间，安装与调试该系统的关键点是根据工作要求调节好单向节流阀中节流阀的开口及机动行程阀的位置。

安装与调试该系统时的注意事项：

（1）注意人身安全和设备安全，严格遵守安全文明生产规程。

（2）注意不要损坏元件。

（3）安装调试完毕后，整理工具和设备，养成良好的职业素养。

2. 设备及工具介绍

气动综合实训台及其配套工具。

3. 操作过程

（1）准备与熟悉技术资料，包括气动系统原理图、管路布置图等。

（2）按气动系统原理图选择合适的气动元件。

（3）按相关检验标准对元件质量进行严格检查。

（4）按气动系统原理图牢固安装各元件及其连接。

① 安装气动系统动力元件。

② 安装气动系统执行元件。

③ 安装气动系统控制元件。

④ 安装气动系统辅助元件。

⑤ 安装管路。

（5）自检。

（6）检查无误后通电试车。

① 合上电源，启动气动系统。

② 逐个调节各元件动作，使系统动作达到设计功能要求。

③ 安装调试后，切断电源开关。

4. 任务实施评价

安装与调试自动线工件夹紧气动系统的评价标准见表 3-3。

表 3-3　安装与调试自动线工件夹紧气动系统的评价标准

序号	评价内容	分数	评分建议	得分
1	元件选择	10	每错一件扣 5 分	
2	气动系统安装	30	每错一次扣 5 分	
3	气动系统的动作调试	30	调试失败一次扣 5 分	
4	气动故障排除	20	排除失败一次扣 10 分	
5	安全文明生产	10		
6	超时酌情扣分			
合　　　计		100		

任务三　安装与调试公共汽车车门气动系统

1. 任务分析

在气动综合实训台上安装和调试公共汽车车门气动系统，如图 3-4 所示，实现车门开、关的模拟动作循环，工时定额 2 h。

该系统主要由 1 个气源装置、1 个气缸、1 个气压控制换向阀、1 个机动换向阀、2 个单向节流阀、3 个或门型梭阀、4 个按钮换向阀等气动元件组成，靠手动换向阀、梭阀、气动换向阀控制车门的打开或关闭，开、关的速度由节流阀调节。

安装与调试该系统时的注意事项：

（1）注意人身安全和设备安全，严格遵守安全文明生产规程。

（2）注意不要损坏元件。

（3）安装调试完毕后，整理工具和设备，养成良好的职业素养。

2. 设备及工具介绍

气动综合实训台及其配套工具。

3. 操作过程

（1）准备与熟悉技术资料，包括气动系统原理图、管路布置图等。

（2）按气动系统原理图选择合适的气动元件。

（3）按相关检验标准对元件质量进行严格检查。

（4）按气动系统原理图牢固安装各元件及其连接。

① 安装气动系统动力元件。

② 安装气动系统执行元件。

③ 安装气动系统控制元件。

④ 安装气动系统辅助元件。

⑤ 安装管路。

（5）自检。

（6）检查无误后通电试车。

① 合上电源，启动气动系统。

② 逐个调节各元件动作，使系统动作达到设计功能要求。

③ 调试结束后，切断电源开关。

4. 任务实施评价

安装与调试公共汽车车门气动系统的评价标准见表 3-4。

表 3-4 安装与调试公共汽车车门气动系统的评价标准

序号	评价内容	分数	评分建议	得分
1	元件选择	10	错一件扣 5 分	
2	气动系统安装	30	每错一次扣 5 分	
3	气动系统的动作调试	30	调试失败一次扣 5 分	
4	气动故障排除	20	排除失败一次扣 10 分	
5	安全文明生产	10		
6	超时酌情扣分			
	合 计	100		

任务四　安装与调试插销分送机构气动系统

1. 任务分析

在气动综合实训台上安装和调试插销分送机构气动系统,如图 3-6 所示,要求能按机构要求的前向冲程时间 0.6 s、回程时间 0.4 s 和前端停止时间 1.0 s 进行动作循环,工时定额 4 h。

该系统主要由 1 个气源装置、1 个气缸、1 个气压控制换向阀、2 个机动换向阀、2 个单向节流阀、1 个"与"门元件、1 个延时阀、1 个手动换向阀等气动元件组成。前向冲程时间、回程时间由 2 个单向节流阀分别控制;前端停止时间由延时阀控制;动作循环由手动换向阀、"与"门元件、气控换向阀及 2 个机动换向阀控制。

安装与调试该系统时的注意事项:

(1) 注意人身安全和设备安全,严格遵守安全文明生产规程。

(2) 注意不要损坏元件。

(3) 安装调试完毕后,整理工具和设备,养成良好的职业素养。

2. 设备及工具介绍

气动综合实训台及其配套工具。

3. 操作过程

(1) 准备与熟悉技术资料,包括气动系统原理图、管路布置图等。

(2) 按气动系统原理图选择合适的气动元件。

(3) 按相关检验标准对元件质量进行严格检查。

(4) 按气动系统原理图牢固安装各元件及其连接。

① 安装气动系统动力元件。

② 安装气动系统执行元件。

③ 安装气动系统控制元件。

④ 安装气动系统辅助元件。

⑤ 安装管路。

(5) 自检。

(6) 检查无误后通电试车。

① 合上电源,启动气动系统。

② 逐个调节各元件动作,使系统动作达到设计功能要求。

③ 调试结束后,切断电源开关。

4. 任务实施评价

安装与调试插销分送机构气动系统的评价标准见表 3-5。

表 3-5　安装与调试插销分送机构气动系统的评价标准

序号	评价内容	分数	评分建议	得分
1	元件选择	10	错一件扣 5 分	
2	气动系统安装	30	每错一次扣 5 分	

续　表

序号	评价内容	分数	评分建议	得分
3	气动系统的动作调试	30	调试失败一次扣 5 分	
4	气动故障排除	20	排除失败一次扣 10 分	
5	安全文明生产	10		
6	超时酌情扣分			
	合　计	100		

任务五　安装与调试汽车气压式制动传动装置

1. 任务分析

根据图 3-7 所示的解放 CA1092 型汽车双管路制动系统示意图,在气压式制动模拟实训台上安装和调试解放 CA1092 型汽车双管路制动系统,模拟实现汽车前轮、后轮的制动动作。工时定额 6 h。

该系统主要由空压机、调压装置、气压表、储气筒、低压报警开关、安全阀、制动踏板、制动控制阀等组成,安装与调试该系统的关键是气路及管路的连接。

安装与调试该系统时的注意事项:

(1) 注意人身安全和设备安全,严格遵守安全文明生产规程。

(2) 注意不要损坏元件。

(3) 安装调试完毕后,整理工具和设备,养成良好的职业素养。

2. 设备及工具介绍

气压式制动模拟实训台及其配套工具。

3. 操作过程

(1) 准备与熟悉技术资料,包括气压式制动系统示意图、设备的主要技术参数、管路布置图等。

(2) 按照气压式制动系统示意图核对各元件。

(3) 按相关检验标准对元件质量进行严格检查。

(4) 按气压式制动系统示意图牢固安装各元件及其连接。

(5) 自检。

(6) 检查无误后通电试车。

① 合上电源,启动气动系统。

② 逐个调节各元件动作,使系统动作达到设计功能要求。

③ 调试结束后,切断电源开关。

4. 任务实施评价

安装与调试汽车气压式制动传动装置的评价标准见表 3-6。

表 3-6　安装与调试汽车气压式制动传动装置的评价标准

序号	评价内容	分数	评分标准	得分
1	元件的核对与检查	30	错一件扣 5 分	
2	气动系统安装	30	每错一次扣 5 分	
3	气动系统的动作调试	30	调试失败一次扣 5 分	
4	安全文明生产	10		
5	超时酌情扣分			
合　计		100		

四、知识拓展

气动系统常见故障及其排除方法

气动系统常见故障及其排除方法见表 3-7～表 3-12。

表 3-7　减压阀的故障及其排除方法

故障现象	产生原因	排除方法
出口压力升高	复位弹簧损坏	更换弹簧
	阀座上有异物、伤痕	清洗或更换阀座
	阀座上密封垫剥离	调换密封圈
压力降很大	阀口径小	使用口径大的减压阀
	阀下部积存冷凝水	排除积水
	阀内混入异物	清洗阀
	调压弹簧损坏	更换弹簧
阀体漏气	密封件损坏	更换密封件
	弹簧松弛	调整弹簧
阀的溢流孔处泄漏	溢流阀座有伤痕	更换溢流阀座
	膜片破裂	更换膜片
	出口侧背压增加	检查出口侧的回路
溢流孔不溢流	溢流孔堵塞	清洗并检查过滤器
	溢流孔处橡胶垫太软	更换橡胶垫
输出压力波动大	减压阀或进出口配管通径选择过小	应根据最大输出流量选用阀或配管
输出压力变化不均匀	弹簧错位或弹力减弱	更换弹簧
	进气阀阀芯或阀座间导向不良	更换阀芯
	耗气量变化引起阀产生共振	稳定耗气量

表 3-8 溢流阀的故障及其排除方法

故障现象	产生原因	排除方法
压力超过调定值阀仍未溢流	阀内的孔堵塞,阀内导向部分有异物	清洗阀
压力虽未超过调定值,但阀已有空气溢出	阀内进入杂质	清洗阀
	阀座损伤	更换阀座
	调压弹簧损坏	更换弹簧
压力调不高	弹簧损坏	更换弹簧
	膜片漏气	更换膜片
溢流时发生振动	压力上升速度慢,溢流阀放出流量多	出口处安装针阀,使微调溢流量与压力上升量相匹配
	气源与溢流阀间被节流,阀前部压力上升慢	增大气源与溢流阀间的管道通径

表 3-9 方向阀的故障及其排除方法

故障现象	产生原因	排除方法
不能换向	阀的滑动阻力大,润滑不良	进行润滑
	密封圈变形	更换密封圈
	杂质卡住滑动部分	清除杂质
	弹簧损坏	更换弹簧
	膜片破裂	更换膜片
	阀操纵力小	检查调整阀操纵部分
	阀芯放气小孔被堵	清洗阀
电磁铁有蜂鸣声	活动铁心铆钉脱落,铁心叠层分开不能吸合	更换活动铁心
	电磁铁不能压到底	校正电磁铁高度
	电源电压低于额定电压	调整电源电压
	杂质进入铁心滑动部分,使活动铁心不能紧密接触	清除杂质
	外部导线拉得太紧	加长导线长度
阀产生振动	压缩空气压力过低	提高控制压力
	电源电压低于额定电压	提高电源电压
线圈烧毁	环境温度高	在产品规定的温度范围内使用
	换向过于频繁	改用高频阀
	阀和铁心间混有杂质,使铁心不能紧密吸合	清除杂质
	吸合时电流过大,引起温升,导致绝缘损坏而造成短路	用气控阀代替电磁阀
	线圈电压不匹配	使用匹配的电源电压和线圈

表 3-10　气缸的故障及其排除方法

故障现象		产生原因	排除方法
外泄漏	活塞杆处	活塞杆有伤痕	更换活塞杆
		活塞杆与导向套配合处有杂质	清除杂质,安装防尘装置
		导向套与活塞杆密封圈磨损	更换导向套和密封圈
	缸体与端盖处	密封圈损坏	更换密封圈
		固定螺钉未紧固	紧固螺钉
	缓冲阀处	密封圈损坏	更换密封圈
内泄漏		活塞密封圈损坏	更换密封圈
		活塞被卡住	重新安装,消除活塞偏载
		活塞配合表面有缺陷	更换相关零件
		杂质挤入密封面	清除杂质
爬行		工作压力低于最低使用压力	提高工作压力
		气缸内泄漏大	改善内泄漏
		气动回路中耗气量变化大	增设储气罐
		负载过大	增大缸径
动作不平稳		润滑不良	检查油雾器工作情况
		气动系统有冷凝水及杂质	加强过滤,消除水分、杂质
		气压不足	检查空压机、密封件、减压阀、管路等气动系统工作元件
		外负载变化过大	提高使用压力或增大缸径
动作速度太快		速度控制阀选择不合理	选用调节范围合适的速度控制阀
		回路设计得不够合理	选用气-液阻尼缸或气-液转换器
动作速度太慢		气压不足	提高压力
		负载过大	提高使用压力或增大缸径
		速度控制阀开度太小	调整速度控制阀开度
		气缸摩擦力增大	改善润滑
		缸筒或活塞密封圈损坏	更换密封圈
缓冲效果差		缓冲处的密封圈密封性能差	更换密封圈
		气缸动作速度太快	调节缓冲机构
		调节螺钉损坏	更换调节螺钉

续　表

故障现象	产生原因	排除方法
其他	外负载太大	提高压力,加大缸径
	有横向载荷	使用导轨消除横向载荷
	安装时同轴度差	提高安装配合精度
	活塞杆与缸筒因损伤、锈蚀而卡住	更换相关零件
	润滑不良	调整好供油量,检查油雾器
	混入杂质	检查清洗气源净化装置

表 3-11　空气过滤器的故障及其排除方法

故障现象	产生原因	排除方法
压力降过大	滤芯过滤精度过高	更换适当的滤芯
	滤芯网眼堵塞	用净化液清洗滤芯
	过滤器的公称流量过小	采用公称流量大的过滤器
输出端流出冷凝水	未及时排除冷凝水	定期排水或安装自动排水器
	自动排水器有故障	及时修理或更换
	超出过滤器的流量范围	使用大规格的过滤器
输出端出现异物	过滤器滤芯损坏	更换滤芯
	滤芯密封不良	更换滤芯密封垫
	用有机溶剂清洗滤芯	改用清洁热水或煤油清洗
漏气	密封不良	更换密封件
	排水阀自动排水失灵	修理或更换
塑料水杯破损	工作环境中有有机溶剂	使用不受有机溶剂浸蚀的材料
	空压机输出某种焦油	更换空压机润滑油或使用金属杯
	对塑料有害的物质被空压机吸入	使用金属杯

表 3-12　油雾器的故障及其排除方法

故障现象	产生原因	排除方法
不滴油或滴油量太小	油雾器反向安装	改变油雾器安装方向
	通往油杯的空气通道堵塞,油杯未加压	检查修理,加大空气通道
	油道堵塞,节流阀开度不够	检查修理,重新调节节流阀开度
	流量过小,压差不足以形成油滴	换成合适规格的油雾器
油滴数不能减少	节流阀开度太大,流量调节阀失效	调整、更换节流阀

续　表

故障现象	产生原因	排除方法
漏气	密封不良	更换密封件
	塑料油杯破裂	使用金属杯
	视窗玻璃破损	更换视窗玻璃
油杯破损	在有机溶剂的环境中清洗	选用耐有机溶剂的油杯或金属杯
	空压机输出某种焦油	更换空压机润滑油或使用金属杯
损伤 (1) 活塞折断 (2) 端盖损坏	有偏心负荷	调整安装位置,消除偏心,使轴销摆动角一致
	摆动气缸安装轴销的摆动面与负荷摆动面不一致;摆动轴销的摆动角过大,负荷很大,摆动速度又快,有冲击装置的冲击加到活塞杆上;活塞杆承受负荷的冲击;气缸的速度太快	确定合理的摆动速度;冲击不得加到活塞杆上,设置缓冲装置
	缓冲机构不起作用	在外部或回路中设置缓冲机构

五、思考与练习

1. 数控加工中心气动换刀系统是如何实现各个换刀动作的?

2. 数控加工中心气动换刀系统中多个单向节流阀的作用是什么?

3. 数控加工中心气动换刀系统中松刀与夹紧为何要用增压缸,而不是普通缸?

4. 数控加工中心气动换刀系统中三位五通换向阀的中位机能是什么? 能否换用其他机能?

5. 机械加工自动线工件夹紧气动系统如何实现工件定位与夹紧的先后动作?

6. 简述机械加工自动线工件夹紧气动系统中工件的夹紧与松开过程。

7. 简述公共汽车车门气动系统的动作循环过程。

8. 公共汽车车门气动系统中三个或门型梭阀的作用是什么?

9. 公共汽车车门气动系统中机动换向阀何时起安全保护作用?

10. 简述插销分送机构气动系统的动作过程。

11. 如何调整插销分送机构气动系统的动作节奏?

12. 汽车气压式制动传动装置主要由哪几部分组成? 它有哪些特点?

13. 简述汽车气压式制动传动装置的工作过程。

14. 如何进行汽车气压式制动传动装置的检查与调整?

项目四　认识液压传动系统及其组成元件

一、项目介绍

液压传动是以液体为工作介质,把原动机输入的机械能转化为液体的压力能,通过控制元件将具有压力能的液体输送到执行机构,由执行机构驱动负载实现所需的运动和动力,再把液体的压力能转化为工作机构所需的机械能的一种传动方式。近年来,液压传动技术得到了迅速发展和广泛应用,特别是它与微电子、计算机等技术相结合后,就进入了一个崭新的发展阶段,并已成为自动控制系统中一个重要的组成部分。

本项目的主要任务有认识液压动力元件、认识液压执行元件、认识液压控制元件、认识液压辅助元件等。通过对各组成元件进行拆装,使学生增强对各组成元件的结构组成、工作原理、主要零件外形等的感性认识,进一步巩固理论知识。

二、相关知识

(一)液压泵

1.液压泵的工作原理

液压泵都是依靠密封容积变化的原理来进行工作的,故一般称为容积式液压泵。图 4-1 所示为单柱塞液压泵的工作原理。柱塞 2 装在缸体 3 中形成一个密封容腔 a,柱塞在弹簧 4 的作用下始终压紧在偏心轮 1 上。原动机驱动偏心轮 1 旋转使柱塞 2 做往复运动,使密封容腔 a 的大小发生周期性的变化。当它由小变大时就形成部分真空,油箱中的油液在大气压作用下,经吸油管顶开单向阀 6 进入 a 腔而实现吸油;反之,当它由大变小时,a 腔中吸满的油液顶开单向阀 5 流入系统而实现压油。原动机驱动偏心轮不断旋转,液压泵就不断地吸油和压油。这样,液压泵就将原动机输入的机械能转换成液体的压力能了。

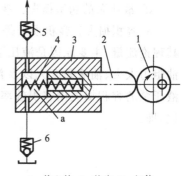

1—偏心轮;2—柱塞;3—缸体;
4—弹簧;5、6—单向阀。

图 4-1　单柱塞液压泵的工作原理

动画

单柱塞式液压泵工作原理

容积式液压泵的基本特点如下:

① 具有周期性变化的密封容腔。

② 吸油过程中,油箱必须与大气相通,或采用密闭的充压油箱。

③ 具有相应的配流机构,其作用是保证密封容腔在吸油过程中与油箱相通,同时关闭

供油通路;压油时与供油管路相通而与油箱切断。图 4-1 中的单向阀 5、6 就是配油机构。

2. 液压泵的主要性能参数

(1) 压力

① 工作压力。液压泵实际工作时的输出压力称为工作压力。工作压力的大小取决于外负载的大小和排油管路上的压力损失,而与液压泵的流量无关。

② 额定压力。液压泵在正常工作条件下,按试验标准规定,连续运转的最高压力称为液压泵的额定压力。

③ 最高允许压力。在超过额定压力的条件下,根据试验标准规定,允许液压泵短暂运行的最高压力值称为液压泵的最高允许压力。

(2) 排量和流量

① 排量 V。液压泵每转一周,由其密封容腔几何尺寸变化计算而得到的排出液体的体积叫液压泵的排量。

② 理论流量 q_i。理论流量是指在不考虑液压泵的泄漏流量的情况下,在单位时间内所排出的液体体积的平均值。显然,如果液压泵的排量为 V,其主轴转速为 n,则该液压泵的理论流量 q_i 为:

$$q_i = Vn \tag{4-1}$$

③ 实际流量 q。液压泵在某一具体工况下,单位时间内所排出的液体体积称为实际流量,它等于理论流量 q_i 减去泄漏流量 Δq,即:

$$q = q_i - \Delta q \tag{4-2}$$

④ 额定流量 q_n。液压泵在正常工作条件下,按试验标准规定(如在额定压力和额定转速下)必须保证的流量。

(3) 功率和效率

① 液压泵的功率损失。液压泵的功率损失包括容积损失和机械损失两部分。

a. 容积损失。容积损失是指液压泵流量上的损失,液压泵的实际输出流量总是小于其理论流量,主要原因是液压泵内部高压腔的泄漏、油液的压缩以及在吸油过程中由于吸油阻力太大、油液黏度大以及液压泵转速高等原因而导致油液不能全部充满密封容腔。液压泵的容积损失用容积效率来表示,它等于液压泵的实际输出流量 q 与理论流量 q_i 之比,即:

$$\eta_v = \frac{q}{q_i} = \frac{q_i - \Delta q}{q_i} = 1 - \frac{\Delta q}{q_i} \tag{4-3}$$

因此,液压泵的实际输出流量 q 为

$$q = q_i \eta_v = Vn\eta_v \tag{4-4}$$

式中　V——液压泵的排量,$\mathrm{m^3/r}$;

　　　n——液压泵的转速,$\mathrm{r/s}$。

　　液压泵的容积效率随着液压泵工作压力的增大而减小，随液压泵的结构类型的不同而异，但恒小于1。

　　b. 机械损失。机械损失是指液压泵在转矩上的损失。由于液压泵体内相对运动部件之间具有因机械摩擦而引起的摩擦转矩损失以及因液体的黏性而引起的摩擦损失，故液压泵的实际输入转矩 T_0 总是大于理论上所需要的转矩 T_i。液压泵的机械损失用机械效率表示，它等于液压泵的理论转矩 T_i 与实际输入转矩 T_0 之比，设转矩损失为 ΔT，则液压泵的机械效率为：

$$\eta_m = \frac{T_i}{T_0} = \frac{1}{1 + \dfrac{\Delta T}{T_i}} \tag{4-5}$$

　　② 液压泵的功率。

　　a. 输入功率 P_i。液压泵的输入功率是指作用在液压泵主轴上的机械功率，当输入转矩为 T_0，角速度为 ω 时，有：

$$P_i = T_0 \omega \tag{4-6}$$

　　b. 输出功率 P_0。液压泵的输出功率是指液压泵在工作过程中的实际吸、压油口间的压差 Δp 和输出流量 q 的乘积，即：

$$P_0 = \Delta p q \tag{4-7}$$

式中　Δp——液压泵吸、压油口之间的压力差，N/m^2；

　　　　q——液压泵的实际输出流量，m^3/s；

　　　　P_0——液压泵的输出功率，$N \cdot m/s$ 或 W。

　　在实际计算中，若油箱通大气，液压泵吸、压油的压力差往往用液压泵的出口压力 p 代入。

　　③ 液压泵的总效率。液压泵的总效率是指液压泵的实际输出功率与其输入功率的比值，即：

$$\eta = \frac{P_0}{P_i} = \frac{\Delta p q}{T_0 \omega} = \frac{\Delta p q_i \eta_v}{\dfrac{T_i \omega}{\eta_m}} = \eta_v \eta_m \tag{4-8}$$

式中，$\Delta p q_i / \omega$ 为理论输入转矩 T_i。

　　由式（4-8）可知，液压泵的总效率等于其容积效率与机械效率的乘积，所以，液压泵的输入功率也可写成：

$$P_i = \frac{\Delta p q}{\eta} \tag{4-9}$$

3. 液压泵的分类

液压泵的种类很多，按泵的结构形式不同，可分为齿轮泵、叶片泵、柱塞泵、螺杆泵和凸轮转子泵等;按泵的输出流量是否可调节,可分为定量泵和变量泵;按泵的额定压力的高低,又可分为低压泵、中压泵和高压泵。液压泵的图形符号如图 4-2 所示。

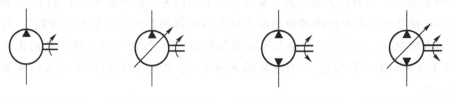

(a) 单向定量液压泵　(b) 单向变量液压泵　(c) 双向定量液压泵　(d) 双向变量液压泵

图 4-2　液压泵的图形符号

（1）齿轮泵

齿轮泵是液压系统中广泛使用的一种液压泵,一般做成定量泵。按结构不同,齿轮泵可分为外啮合齿轮泵和内啮合齿轮泵,外啮合齿轮泵应用最广。下面以外啮合齿轮泵为例来剖析齿轮泵。

① 外啮合齿轮泵的工作原理。CB-B 齿轮泵的结构如图 4-3 所示,当泵的主动齿轮按顺时针方向旋转时,齿轮泵左侧(吸油腔)的齿轮脱开啮合,齿轮的轮齿退出齿间,使密封容积增大,形成局部真空,油箱中的油液在外界大气压的作用下,经吸油管路、吸油腔进入齿间。随着齿轮的旋转,吸入齿间的油液被带到另一侧,进入压油腔,这时轮齿进入啮合,使密封容积逐渐减小,齿轮间的部分油液被挤出,形成了齿轮泵的压油过程。齿轮啮合时,齿向接触线把吸油腔和压油腔分开,起配油作用。当齿轮泵的主动齿轮由电动机带动不断旋转时,轮齿脱开啮合的一侧,由于密封容积变大,则不断从油箱中吸油,轮齿进入啮合的一侧,由于密封容积减小,则不断地排油,这就是齿轮泵的工作原理。

动画

外啮合齿轮
泵工作原理

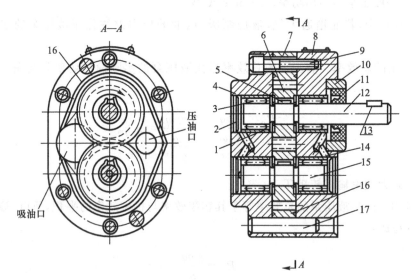

1—轴承外环;2—堵头;3—滚子;4—后泵盖;5—键;6—齿轮;7—泵体;8—前泵盖;9—螺钉;10—压环;
11—密封环;12—主动轴;13—键;14—泄油孔;15—从动轴;16—卸荷槽;17—定位销。

图 4-3　CB-B 齿轮泵的结构

齿轮泵的前后盖和泵体由两个定位销 17 定位,用 6 只螺钉固紧。为了保证齿轮能灵活地转动,同时又要保证泄漏最小,在齿轮端面和泵盖之间应有适当的间隙(轴向间隙),小流量泵的轴向间隙为 0.025~0.04 mm,大流量泵的轴向间隙为 0.04~0.06 mm。由于密封带长,同时齿顶线速度形成的剪切流动和油液泄漏方向相反,故齿顶和泵体内表面间的间隙(径向间隙)对泄漏的影响较小。当齿轮受到不平衡的径向力时,应避免齿顶和泵体内壁相碰,所以径向间隙可稍大些,一般取 0.13~0.16 mm。

为了防止压力油从泵体和泵盖间泄漏到泵外,并减小压紧螺钉的拉力,在泵体两侧的端面上开有油封卸荷槽 16,使渗入泵体和泵盖间的压力油引入吸油腔。泵盖和从动轴上小孔的作用是将泄漏到轴承端部的压力油引到泵的吸油腔中,防止油液外溢,同时也润滑了滚针轴承。

② 齿轮泵存在的问题。

a. 齿轮泵的困油问题。齿轮泵要能连续地供油,就要求齿轮啮合的重叠系数 ε 大于 1,也就是当一对轮齿尚未脱开啮合时,另一对轮齿已进入啮合。这样,就出现同时有两对轮齿啮合的瞬间,在两对轮齿的齿向啮合线之间形成了一个封闭容腔,一部分油液就被困在这一封闭容腔中(图 4-4a);齿轮连续旋转时,这一封闭容积便逐渐减小,到两啮合点处于节点两侧的对称位置时(图 4-4b),封闭容积为最小;齿轮再继续转动时,封闭容积又逐渐增大,直到如图 4-4c 所示位置时,容积又变为最大。在封闭容积减小时,被困油液受到挤压,压力急剧上升,轴承上突然受到很大的冲击载荷,泵剧烈振动,这时高压油从一切可能泄漏的缝隙中挤出,造成功率损失,并引起油液发热等现象。当封闭容积增大时,由于没有油液补充,因此形成局部真空,使原来溶解在油液中的空气分离出来,形成了气泡,会引起噪声、气蚀等一系列后果。以上情况就是齿轮泵的困油现象,这种困油现象极为严重地影响着齿轮泵的工作平稳性和使用寿命。

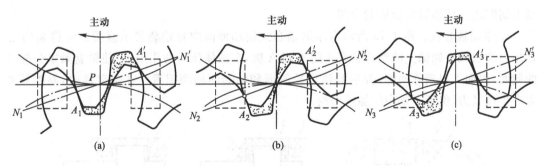

图 4-4 齿轮泵的困油现象

为了消除困油现象,CB-B 型齿轮泵在泵盖上铣出两个困油卸荷凹槽,如图 4-5 所示。卸荷槽的位置应该在封闭容积由大变小时,封闭容腔能通过卸荷凹槽与压油腔相通;当封闭容积由小变大时,封闭容腔能通过另一卸荷凹槽与吸油腔相通。两卸荷凹槽之间的距离为 a,但必须保证在任何时候都不能使压油腔和吸油腔互通。

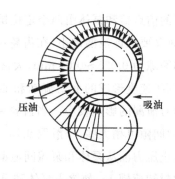

图 4-5　齿轮泵的困油卸荷凹槽　　　　图 4-6　齿轮泵的径向不平衡力

b. 径向不平衡力。齿轮泵工作时,齿轮和轴承承受着径向液压力的作用。如图 4-6 所示,泵的右侧为吸油腔,左侧为压油腔。在压油腔内有液压力作用于齿轮上,沿着齿顶的泄漏油具有大小不等的压力,使齿轮和轴承受到径向不平衡力。液压力越高,这个不平衡力就越大,不仅加速了轴承的磨损,降低了轴承的寿命,甚至会使轴变形,造成齿顶和泵体内壁的摩擦等。为了解决径向力不平衡的问题,有些齿轮泵采用开压力平衡槽的办法来消除径向不平衡力,但这将使泄漏增大、容积效率降低。CB-B 型齿轮泵则采用缩小压油腔,减少液压力对齿顶部分的作用面积以减小径向不平衡力,所以泵的压油口孔径比吸油口孔径要小。

c. 泄漏。外啮合齿轮泵压油腔的压力油向吸油腔泄漏有三条途径:一是通过齿轮啮合处的间隙;二是通过泵体内孔和齿顶圆间的径向间隙;三是通过齿轮两端面和盖板间的端面间隙。在这三类间隙中,端面间隙的泄漏量最大,占总泄漏量的 70%～80%,而且泵的压力越高,间隙泄漏就越大,因此,其容积效率很低,一般齿轮泵只适用于低压场合。

③ 高压齿轮泵的特点。上述齿轮泵由于泄漏大(主要是端面泄漏),且存在径向不平衡力,故压力不易提高。高压齿轮泵主要针对上述问题采取了一些措施,如尽量减小径向不平衡力和提高轴与轴承的刚度,对泄漏量最大处的端面间隙采用了自动补偿装置等。下面对端面间隙的补偿装置作简单的介绍。

a. 浮动轴套式。图 4-7a 所示为浮动轴套式的端面间隙补偿装置示意图。它将泵的出口压力油引入齿轮轴上的浮动轴套 1 的外侧 A 腔,在液体压力的作用下,使轴套紧贴齿轮 3 的侧面,因而可以消除间隙,并可补偿齿轮侧面和轴套间的磨损量。在泵启动时,靠弹簧 4 来产生预紧力,保证了轴向间隙的密封。

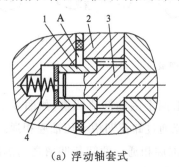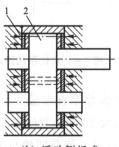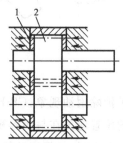

（a）浮动轴套式　　　　（b）浮动侧板式　　　　（c）挠性侧板式

图 4-7　端面间隙补偿装置示意图

b. 浮动侧板式。浮动侧板式端面间隙补偿装置的工作原理与浮动轴套式的基本相似，也是将泵的出口压力油引到浮动侧板 1 的背面(图 4-7b)，使之紧贴于齿轮 2 的端面来补偿间隙。启动时，浮动侧板靠密封圈来产生预紧力。

c. 挠性侧板式。图 4-7c 所示是挠性侧板式端面间隙补偿装置，它将泵的出口压力油引到侧板的背面，靠侧板自身的变形来补偿端面间隙。侧板的厚度较薄，内侧面要耐磨(如烧结有 0.5～0.7 mm 的磷青铜)，这种结构采取一定措施处理后，可使侧板外侧面的压力分布大体上和齿轮侧面的压力分布相适应。

④ 内啮合齿轮泵。内啮合齿轮泵的工作原理也是利用齿间密封容积的变化来实现吸油、压油的。图 4-8 所示为内啮合齿轮泵的工作原理。它是由配油盘(前、后盖)、外转子(从动轮)和偏心安置在泵体内的内转子(主动轮)等组成。内、外转子相差 1 个齿，图中内转子为 6 个齿，外转子为 7 个齿，由于内外转子是多齿啮合，这就形成了若干密封容腔。当内转子围绕中心 O_1 旋转时，带动外转子绕外转子中心 O_2 做同向旋转。这时，由内转子齿顶 A_1 和外转子齿谷 A_2 形成了密封容腔 c (图中虚线部分)，随着转子的转动，密封容腔逐渐扩大，于是就形成局部真空，油液从配油窗口 b 被吸入密封容腔，至 A_1'、A_2' 位置时封闭容积最大，此时吸油完毕。当转子继续旋转时，充满油液的密封容腔便逐渐减小，油液受挤压，于是通过另一配油窗口 a 将油排出，当内转子的另一齿和外转子的齿谷 A_2 全部啮合时，压油完毕。内转子每转一周，由内转子齿顶和外转子齿谷所构成的每个密封容腔，完成吸油、压油各一次，当内转子连续转动时，即完成了液压泵的吸油、排油工作。

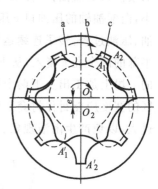

图 4-8　内啮合齿轮泵的工作原理

动画

内啮合齿轮泵工作原理

内啮合齿轮泵的外转子齿形是圆弧，内转子齿形为短幅外摆线的等距线，故又称为内啮合摆线齿轮泵，也叫转子泵。内啮合齿轮泵可正、反转，可用作液压马达。

内啮合齿轮泵有许多优点，如结构紧凑，体积小，零件少，转速可高达 10 000 r/min，运动平稳，噪声低，容积效率较高等。它的缺点有流量脉动大，转子的制造工艺复杂等，目前已采用粉末冶金压制成形。随着工业技术的发展，摆线齿轮泵的应用将会越来越广泛。

(2) 柱塞泵

柱塞泵是靠柱塞在缸体中做往复运动造成密封容积的变化来实现吸油与压油的液压泵。与齿轮泵和叶片泵相比，这种泵有许多优点，首先，构成密封容腔的零件为圆柱形的柱塞和缸孔，加工方便，可得到较高的配合精度，密封性能好，在高压工作条件下，仍有较高的容积效率；其次，只需改变柱塞的工作行程就能改变流量，易于实现变量；再次，柱塞泵中的主要零件均受压应力作用，材料强度性能可得到充分利用。由于柱塞泵压力高，结构紧凑，效率高，流量调节方便，故在需要高压、大流量、大功率的系统中和流量需要调节的场合，如在龙门刨床、拉床、液压机、工程机械、矿山冶金机械、船舶上得到了广泛的应用。柱塞泵按柱塞的排列和运动方向不同，可分为径向柱塞泵和轴向柱塞泵两大类。

① 径向柱塞泵。

a. 径向柱塞泵的工作原理。径向柱塞泵的工作原理如图 4-9 所示,柱塞 1 径向排列装在缸体 2 中,缸体 2 一般称为转子,缸体由原动机带动连同柱塞 1 一起旋转,柱塞 1 在离心力的(或在低压油)作用下抵紧定子 4 的内壁。当转子按图示方向回转时,由于定子和转子之间有偏心距 e,柱塞绕经上半周时向外伸出,柱塞底部的容积逐渐增大,形成部分真空,因此便经过衬套 3(衬套 3 压紧在转子内,并和转子一起回转)上的油孔从配油轴 5 的吸油口 b 吸油;当柱塞转到下半周时,定子内壁将柱塞向里推,柱塞底部的容积逐渐减小,向配油轴的压油口 c 压油。当转子回转一周时,每个柱塞底部的密封容腔完成一次吸油、压油过程,转子连续运转,即完成吸油、压油工作。配油轴固定不动,油液从配油轴上半部的两个孔 a 流入,从下半部两个油孔 d 压出,为了进行配油,在配油轴和衬套 3 接触的一段上加工出上下两个缺口,形成吸油口 b 和压油口 c,留下的部分形成封油区。封油区的宽度应能封住衬套上的吸油口、压油口,以防吸油口和压油口相连通,但尺寸也不能过大,以免产生困油现象。

动画

径向柱塞泵
工作原理

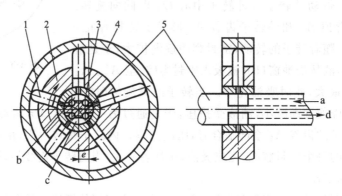

1—柱塞;2—缸体;3—衬套;4—定子;5—配油轴。

图 4-9　径向柱塞泵的工作原理

b. 径向柱塞泵的排量和流量计算。当转子和定子之间的偏心距为 e 时,柱塞在缸体孔中的行程为 $2e$,设柱塞个数为 z,直径为 d 时,泵的排量为:

$$V = \frac{\pi}{4}d^2 2ez$$
$$= \frac{\pi}{2}d^2 ez$$

(4-10)

设泵的转数为 n,容积效率为 η_v,则泵的实际输出流量为:

$$q = \frac{\pi}{2}d^2 ezn\eta_v$$

(4-11)

② 轴向柱塞泵。

a. 轴向柱塞泵的工作原理。轴向柱塞泵是将多个柱塞配置在一个共同缸体的圆周上,并使柱塞中心线和缸体中心线平行的一种泵。轴向柱塞泵有两种形式,直轴式(斜盘式)和斜轴式(摆缸式)。

图 4-10 所示为直轴式轴向柱塞泵的工作原理,这种泵主体由缸体 1、配油盘 2、柱塞 3 和斜盘 4 组成。柱塞沿圆周均匀分布在缸体内。斜盘轴线相对缸体轴线倾斜一个角度 γ,柱塞靠机械装置(图中为弹簧)或在低压油作用下压紧在斜盘上,配油盘 2 和斜盘 4 固定不转,当原动机通过传动轴使缸体转动时,由于斜盘的作用,迫使柱塞在缸体内做往复运动,并通过配油盘的配油窗口进行吸油和压油。回转方向如图 4-10 中所示,当缸体转角在 $\pi \sim 2\pi$ 范围内,柱塞向外伸出,柱塞底部缸孔的密封工作容积增大,通过配油盘的吸油窗口吸油;在 $0 \sim \pi$ 范围内,柱塞被斜盘推入缸体,使缸孔容积减小,通过配油盘的压油窗口压油。缸体每转一周,每个柱塞各完成吸油、压油一次。如果改变斜盘倾角 γ,就能改变柱塞行程的长度,即改变液压泵的排量;如果改变斜盘倾角方向,就能改变吸油和压油的方向,即成为双向变量泵。

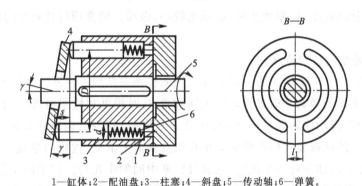

1—缸体;2—配油盘;3—柱塞;4—斜盘;5—传动轴;6—弹簧。

图 4-10 直轴式轴向柱塞泵的工作原理

配油盘上吸油窗口和压油窗口之间的密封区宽度 l 应稍大于柱塞缸体底部通油孔宽度 l_1。但不能相差太大,否则会发生困油现象。一般在两配油窗口的两端部开有小三角槽,以减小冲击和噪声。

斜轴式轴向柱塞泵的缸体轴线相对传动轴轴线倾斜一个角度,传动轴端部用万向铰链、连杆与缸体中的每个柱塞相连接,当传动轴转动时,通过万向铰链、连杆使柱塞和缸体一起转动,迫使柱塞在缸体中做往复运动,借助配油盘进行吸油和压油。这类泵的优点是变量范围大,泵的强度较高,但和直轴式轴向柱塞泵相比,结构较复杂,外形尺寸大,且较重。

轴向柱塞泵的优点是结构紧凑、径向尺寸小、惯性小、容积效率高,目前最高压力可达 40.0 MPa,甚至更高。一般用于工程机械、压力机等高压系统中,但其轴向尺寸较大,轴向作用力也较大,结构比较复杂。

b. 轴向柱塞泵的排量和流量计算。如图 4-10 所示,当柱塞的直径为 d、柱塞分布圆直径为 D、斜盘倾角为 γ 时,柱塞的行程 $s = D\tan\gamma$,所以,当柱塞数为 z 时,轴向柱塞泵的排量为:

$$V = \pi d^2 sz/4 = \pi d^2 D(\tan \gamma)z/4 \tag{4-12}$$

设泵的转数为 n，容积效率为 η_v，则泵的实际输出流量为：

$$q = \pi d^2 D(\tan \gamma)zn\eta_v/4 \tag{4-13}$$

式中　d——柱塞直径；

　　　s——柱塞行程；

　　　D——缸体上柱塞分布圆直径；

　　　γ——斜盘倾角；

　　　z——柱塞数；

　　　n——泵的转数；

　　　η_v——泵的容积效率。

实际上，由于柱塞在缸体孔中运动的速度不是恒速的，因而输出流量是有脉动的。当柱塞数为奇数时，脉动较小；柱塞数多时，脉动也较小，因而一般常用的柱塞泵的柱塞个数为7、9或11。

③ 轴向柱塞泵的结构特点。

a. 典型结构。图4-11所示为一种直轴式轴向柱塞泵结构。柱塞的球状头部装在滑履4内，以缸体作为支撑的弹簧9通过钢球推压回程盘3，回程盘和柱塞滑履一同转动。在排油过程中借助斜盘2推动柱塞做轴向运动；在吸油时依靠回程盘、钢球和弹簧（一般称弹簧9为回程弹簧）组成的回程装置将滑履紧紧压在斜盘表面上滑动，这样的泵具有自吸能力。在滑履与斜盘相接触的部分有一个油室，它通过柱塞中间的小孔与缸体中的工作腔相连，压力油进入油室后在滑履与斜盘的接触面间形成了一层油膜，起着静压支承的作用，使滑履作用在斜盘上的力大大减小，因而磨损也减小。传动轴8通过左边的花键带动缸体6旋转，由于

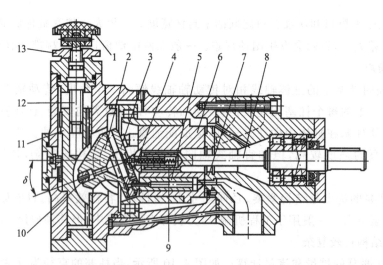

1—手轮；2—斜盘；3—回程盘；4—滑履；5—柱塞；6—缸体；7—配油盘；8—传动轴；
9—弹簧；10—销轴；11—变量活塞；12—丝杠；13—锁紧螺母。

图 4-11　直轴式轴向柱塞泵结构

滑履 4 贴紧在斜盘表面上,柱塞在随缸体旋转的同时在缸体中做往复运动。缸体中柱塞底部的密封容腔通过配油盘 7 与泵的进出口相通。随着传动轴的转动,液压泵不断地吸油和排油。

b. 变量机构。由式(4-13)可知,只要改变斜盘的倾角,就可以改变轴向柱塞泵的排量和输出流量,下面介绍常用的轴向柱塞泵的手动变量机构和伺服变量机构的工作原理。

手动变量机构。如图 4-11 所示,转动手轮 1,使丝杠 12 转动,带动变量活塞 11 做轴向移动(因导向键的作用,变量活塞只能做轴向移动,不能转动)。通过销轴 10 使斜盘 2 绕变量机构壳体上的圆弧导轨面的中心(即钢球中心)旋转,使斜盘倾角改变,达到变量的目的。当流量达到要求时,可用锁紧螺母 13 锁紧。这种变量机构结构简单,但操纵不轻便,且不能在工作过程中变量。

伺服变量机构。图 4-12 所示为轴向柱塞泵的伺服变量机构,以此机构代替图 4-11 所示的轴向柱塞泵中的手动变量机构,就成为手动伺服变量泵。其工作原理为:泵输出的压力油由通道经单向阀 a 进入变量机构壳体的下腔 d,液压力作用在变量活塞 4 的下端。当与伺服阀阀芯 1 相连接的拉杆不动时(图示状态),变量活塞 4 的上腔 g 处于封闭状态,变量活塞不动,斜盘 3 在某一相应的位置上。当使拉杆向下移动时,推动阀芯 1 一起向下移动,d 腔的压力油经通道 e 进入上腔 g。由于变量活塞上端的有效面积大于下端的有效面积,向下的液压力大于向上的液压力,故变量活塞 4 也随之向下移动,直到将通道 e 的油口封闭为止。变量活塞的移动量等于拉杆的位移量。当变量活塞向下移动时,通过销轴带动斜盘 3 摆动,斜盘倾斜角增加,泵的输出流量随之增加;当拉杆带动伺服阀阀芯向上运动时,阀芯将通道 f 打开,上腔 g 通过卸压通道接通油箱,变量活塞向上移动,直到阀芯将卸压通道关闭为止。它的移动量也等于拉杆的移动量。这时斜盘也被带动做相应的摆动,使倾斜角减小,泵的流量也随之相应地减小。由此可知,伺服变量机构是通过操作液压伺服阀动作,利用泵输出的

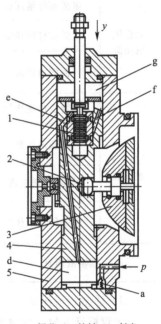

1—阀芯;2—铰链;3—斜盘;
4—变量活塞;5—壳体。

**图 4-12　轴向柱塞泵的
伺服变量机构**

压力油推动变量活塞来实现变量的。故加在拉杆上的力很小,控制灵敏。拉杆可用手动方式或机械方式操作,斜盘可以倾斜±18°,故在工作过程中泵的吸油、压油方向可以变换,因而这种泵可用作双向变量液压泵。

(二) 液压缸

液压缸又称为油缸,它是液压传动系统中的一种执行元件,其功能是将液压能转变成直线往复式的机械运动。

1. 液压缸的类型和特点

液压缸的种类很多,常见液压缸的种类及特点见表 4-1。

表 4-1 常见液压缸的种类及特点

种 类		符 号	说 明
单作用液压缸	柱塞式液压缸		柱塞仅单向运动,返回行程是利用自重或负荷将柱塞推回
	单活塞杆液压缸		活塞仅单向运动,返回行程是利用自重或负荷将活塞推回
	双活塞杆液压缸		活塞的两侧都装有活塞杆,只能向活塞一侧供给压力油,返回行程通常利用弹簧力、重力或外力
	伸缩液压缸		它以短缸获得长行程。用液压油由大到小逐节推出,靠外力由小到大逐节缩回
双作用液压缸	单活塞杆液压缸		单边有杆,双向液压驱动,双向推力和速度不等
	双活塞杆液压缸		双向有杆,双向液压驱动,可实现等速往复运动
	伸缩液压缸		双向液压驱动,伸出由大到小逐步推出,由小到大逐节缩回
组合液压缸	弹簧复位液压缸		单向液压驱动,由弹簧力复位
	串联液压缸		用于缸的直径受限制,而长度不受限制,获得大的推力
	增压缸(增压器)		由低压力室 A 缸驱动,使 B 室获得高压油源
	齿条传动液压缸		活塞往复运动经装在一起的齿条驱动齿轮获得往复回转运动
摆动液压缸			输出轴直接输出扭矩,其往复回转的角度小于 360°,也称摆动马达

(1)活塞式液压缸

① 双杆活塞缸。活塞两端都有一根直径相等的活塞杆伸出的液压缸称为双杆活塞缸,它一般由缸体、缸盖、活塞、活塞杆和密封件等零件构成。根据安装方式可分为缸筒固定式和活塞杆固定式两种。

图 4-13a 所示为缸筒固定式的双杆活塞缸。它的进口、出口布置在缸筒两端,由活塞杆带动工作台移动,当活塞的有效行程为 l 时,整个工作台的运动范围为 $3l$,所以机床占地面积大,一般适用于小型机床。当工作台行程要求较长时,可采用如图 4-13b 所示的活塞杆固定

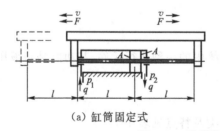
（a）缸筒固定式

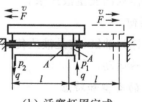
（b）活塞杆固定式

图 4-13 双杆活塞缸

式,这时,缸体与工作台相连,活塞杆通过支架固定在机床上,动力由缸体传出。在这种安装形式中,工作台的移动范围只等于液压缸有效行程 l 的两倍($2l$),因此占地面积小。进、出油口可以设置在固定不动的空心的活塞杆的两端,但必须使用软管连接。

由于双杆活塞缸两端的活塞杆直径通常是相等的,因此它左、右两腔的有效面积也相等。当分别向左、右腔输入相同压力和相同流量的油液时,液压缸左、右两个方向的推力和速度相等。当活塞的直径为 D,活塞杆的直径为 d,液压缸进、出油腔的压力分别为 p_1 和 p_2,输入流量为 q 时,双杆活塞缸的推力 F 和速度 v 为:

$$F = A(p_1 - p_2) = \pi(D^2 - d^2)(p_1 - p_2)/4 \tag{4-14}$$

$$v = q/A = 4q/[\pi(D^2 - d^2)] \tag{4-15}$$

式中,A 为活塞的有效工作面积。

双杆活塞缸在工作时,设计成一个活塞杆是受力的,而另一个活塞杆不受力。因此,这种液压缸的活塞杆直径可适当减小。

② 单杆活塞缸。如图 4-14 所示,活塞只有一端带活塞杆,单杆活塞缸也有缸筒固定式和活塞杆固定式两种,它们的工作台移动范围都是活塞有效行程的两倍。

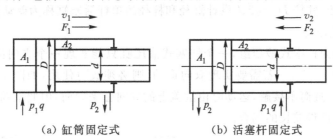

（a）缸筒固定式　　　　　　（b）活塞杆固定式

图 4-14　单杆活塞缸

由于单杆活塞缸左、右腔的有效工作面积不等,因此它在两个方向上的输出推力和速度也不等,其值分别为:

$$F_1 = (p_1 A_1 - p_2 A_2) = \pi[(p_1 - p_2)D^2 - p_2 d^2]/4 \tag{4-16}$$

$$F_2 = (p_1 A_2 - p_2 A_1) = \pi[(p_1 - p_2)D^2 - p_1 d^2]/4 \tag{4-17}$$

$$v_1 = q/A_1 = 4q/(\pi D^2) \tag{4-18}$$

$$v_2 = q/A_2 = 4q/[\pi(D^2 - d^2)] \tag{4-19}$$

由式(4-16)至式(4-19)可知,由于 $A_1 > A_2$,所以 $F_1 > F_2$,$v_1 < v_2$。两个方向上的输出速度 v_2 和 v_1 的比值称为速度比,记作 λ_v,则 $\lambda_v = v_2/v_1 = 1/[1 - (d/D)^2]$。因此,$d = D\sqrt{(\lambda_v - 1)/\lambda_v}$。已知 D 和 λ_v 时,可确定 d 值。

③ 差动油缸。单杆活塞缸左右两腔都接通高压油时称为差动油缸,如图 4-15 所示。差动油缸左右两腔的油液压力相同,但由于左腔(无杆腔)的有效面积大于右腔(有杆腔)的有效面积,故活塞向右运动,同时右腔中排出的油液(流量为 q')也进入左腔,

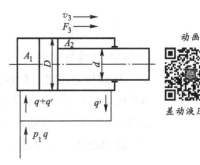

图 4-15　差动油缸

加大了流入左腔的流量$(q+q')$,从而也加快了活塞移动的速度。实际上活塞在运动时,由于差动连接时两腔间的管路中有压力损失,所以右腔中油液的压力稍大于左腔油液压力,而这个差值一般都较小,可以忽略不计。故差动连接时活塞推力F_3和运动速度v_3为:

$$F_3 = p_1(A_1 - A_2) = p_1\pi d^2/4 \tag{4-20}$$

进入无杆腔的流量 $q_1 = v_3\dfrac{\pi D^2}{4} = q + v_3\dfrac{\pi(D^2-d^2)}{4}$

$$v_3 = 4q/(\pi d^2) \tag{4-21}$$

由式(4-20)和式(4-21)可知,差动连接时液压缸的推力比非差动连接时小,速度比非差动连接时大,可在不加大油源流量的情况下得到较快的运动速度,这种连接方式被广泛应用于组合机床的液压传动系统和其他机械设备的快速运动中。如果要求机床往复速度相等时,则由式(4-20)和式(4-21)得:

$$\frac{4q}{\pi(D^2-d^2)} = \frac{4q}{\pi d^2} \tag{4-22}$$

即 $D = \sqrt{2}\,d$。

采用差动连接,并按 $D = \sqrt{2}\,d$ 设计缸径和杆径的单杆活塞缸称为差动液压缸。

(2)柱塞式液压缸

图 4-16 所示为柱塞式液压缸,一个柱塞式液压缸只能实现一个方向的液压传动,反向运动要靠外力(图 4-16a)。若需要实现双向运动,则必须成对使用,如图 4-16b 所示。这种液压缸中的柱塞和缸筒不接触,运动时由缸盖上的导向套来导向,因此缸筒的内壁不需精加工,它特别适用于行程较长的场合。

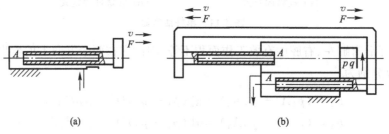

(a)　　　　　　　　　　(b)

图 4-16　柱塞式液压缸

柱塞式液压缸输出的推力和速度分别为:

$$F = pA = p\pi d^2/4 \tag{4-23}$$

$$v_i = q/A = 4q/(\pi d^2) \tag{4-24}$$

(3)其他液压缸

① 增压液压缸。增压液压缸又称增压器,它利用活塞和柱塞有效面积的不同使液压传动系统中的局部区域获得高压。它有单作用式和双作用式两种形式,单作用式增压液压缸如图 4-17a 所示,当输入活塞缸的液体压力为 p_1、活塞直径为 D、柱塞直径为 d 时,柱塞缸中输出的液体压力为高压,其值为:

$$p_2 = p_1(D/d)^2 = Kp_1 \tag{4-25}$$

式中，$K=D^2/d^2$，称为增压比，它代表增压程度。

单作用式增压液压缸在柱塞运动到终点时，不能再输出高压液体，需要将活塞退回到左端位置，再向右运动时才能再输出高压液体。为了克服这一缺点，可采用双作用式增压液压缸，由两个高压端连续向系统供油，如图 4-17b 所示。

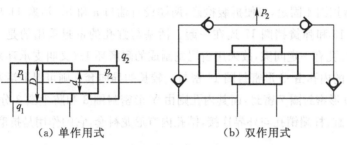

动画

增压缸

（a）单作用式　　　　　（b）双作用式

图 4-17　增压液压缸

② 伸缩缸。伸缩缸由两个或多个活塞缸套装而成，前一级活塞缸的活塞杆内孔是后一级活塞缸的缸筒，伸出时可获得较长的工作行程，缩回时可保持较小的结构尺寸，伸缩缸被广泛用于起重运输车辆上。

伸缩缸可以是如图 4-18a 所示的单作用式，也可以是如图 4-18b 所示的双作用式，前者靠外力回程，后者靠液压回程。

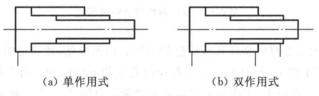

动画

单作用伸缩液压缸

（a）单作用式　　　　　（b）双作用式

图 4-18　伸缩缸

伸缩缸的外伸动作是逐级进行的。首先是最大直径的缸筒以最低的油液压力开始外伸，当到达行程终点后，稍小直径的缸筒开始外伸，直径最小的末级最后伸出。随着工作级数变大，外伸缸筒直径越来越小，工作油液压力随之升高，工作速度变快。其值为：

$$F_i = p_1 \frac{\pi}{4} D_i^2 \tag{4-26}$$

$$v_i = 4q/(\pi D_i^2) \tag{4-27}$$

式中，i 指 i 级活塞缸。

③ 齿轮缸。齿轮缸又称为无杆活塞缸，它由两个柱塞缸和一套齿轮齿条传动装置组成，如图 4-19 所示。这种液压缸的特点是：将活塞的直线往复运动经齿轮齿条传动装置变成齿轮的回转传动。常用于机械手、磨床的进给机构、回转工作条件的转位机构和回转夹具等。

动画

齿轮缸

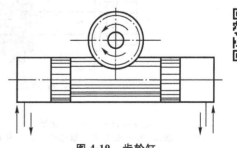

图 4-19　齿轮缸

2. 液压缸的典型结构和组成

（1）液压缸的典型结构举例

图 4-20 所示为一个较常用的双作用单活塞杆液压缸，它主要由缸底 20、缸筒 10、缸盖兼导向套 9、活塞 11 和活塞杆 18 等组成。缸筒一端与缸底焊接，另一端缸盖（导向套）与缸筒用卡键 6、套 5 和弹簧挡圈 4 固定，以便拆装检修，两端设有油口 a 和 b。活塞 11 与活塞杆 18 利用卡键 15、卡键帽 16 和弹簧挡圈 17 连在一起。活塞与缸孔的密封采用的是一对 Y 形密封圈 12，由于活塞与缸孔有一定间隙，故采用由尼龙制成的耐磨环 13（又叫支承环）定心导向。活塞杆 18 和活塞 11 的内孔由 O 形密封圈 14 密封。较长的导向套 9 则可保证活塞杆不偏离中心，导向套外径由 O 形密封圈 7 密封，而其内孔则由 Y 形密封圈 8 和防尘圈 3 分别防止油外漏和灰尘进入缸内。缸、杆端销孔与外界连接，销孔内有尼龙衬套，它的作用是抗磨。

动画

双作用单杆活塞式液压缸的结构

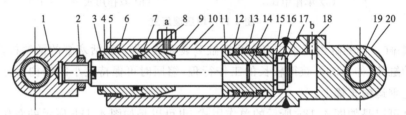

1—耳环；2—螺母；3—防尘圈；4、17—弹簧挡圈；5—套；6、15—卡键；7、14—O 形密封圈；8、12—Y 形密封圈；9—缸盖兼导向套；10—缸筒；11—活塞；13—耐磨环；16—卡键帽；18—活塞杆；19—衬套；20—缸底。

图 4-20　双作用单活塞杆液压缸

图 4-21 所示为空心双活塞杆式液压缸的结构。由图可见，液压缸的左右两腔是通过油口 b 和 d 经活塞杆 1 和 15 的中心孔与左右径向孔 a 和 c 相通的。由于活塞杆固定在床身上，缸体 10 固定在工作台上，工作台在径向孔 c 接通压力油，径向孔 a 接通回油时向右移动；反之则向左移动。在这里，缸盖 18 和 24 通过螺钉（图中未画出）与压板 11 和 20 相连，并经钢丝环 12 紧固，左缸盖 24 空套在托架 3 孔内，可以自由伸缩。空心活塞杆的一端用堵头 2 堵死，并通过锥销 9 和 22 与活塞 8 相连。缸筒相对于活塞运动，并由左右两个导向套 6 和 19 导向。活塞与缸筒之间、缸盖与活塞杆之间以及缸盖与缸筒之间分别用 O 形密封圈 7、

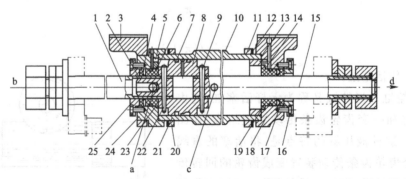

1、15—活塞杆；2—堵头；3—托架；4、17—V 形密封圈；5、14—排气孔；6、19—导向套；7—O 形密封圈；8—活塞；9、22—锥销；10—缸体；11、20—压板；12、21—钢丝环；13、23—纸垫；16、25—压盖；18、24—缸盖。

图 4-21　空心双活塞杆式液压缸的结构

V形密封圈 4 和 17、纸垫 13 和 23 进行密封,以防止油液的内、外泄漏。缸筒在接近行程的左右终端时,径向孔 a 和 c 的开口逐渐减小,对移动部件起制动缓冲作用。为了排除液压缸中剩余的空气,缸盖上设置有排气孔 5 和 14,经导向套环槽的侧面孔道(图中未画出)引出与排气阀相连。

(2) 液压缸的组成

液压缸的结构可分为缸筒和缸盖、活塞和活塞杆、密封装置、缓冲装置和排气装置五个部分。

① 缸筒和缸盖。一般来说,缸筒和缸盖的结构形式与其使用的材料有关。工作压力 $p < 10$ MPa 时,使用铸铁;10 MPa $\leqslant$ 工作压力 $p \leqslant 20$ MPa 时,使用无缝钢管;工作压力 $p > 20$ MPa 时,使用铸钢或锻钢。图 4-22 所示为缸筒和缸盖的常见结构形式。图 4-22a 所示为法兰连接式,结构简单,加工容易,也易装拆,但外形尺寸较大,且较重,常用于铸铁制的缸筒上。图 4-22b 所示为半环连接式,它的缸筒壁部因开了环形槽而削弱了强度,因此有时须加厚缸壁,它容易加工和装拆,重量较轻,常用于无缝钢管或锻钢制的缸筒上。图 4-22c 所示为螺纹连接式,它的缸筒端部结构复杂,外径加工时要求保证内外径同心,装拆要使用专用工具,它的外形尺寸较小,且较轻,常用于无缝钢管或铸钢制的缸筒上。图 4-22d 所示为拉杆连接式,结构的通用性佳,容易加工和装拆,但外形尺寸较大,且较重。图 4-22e 所示为焊接连接式,结构简单,尺寸小,但缸底处内径不易加工,且可引起变形。

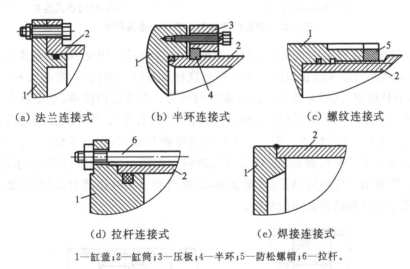

(a) 法兰连接式　　(b) 半环连接式　　(c) 螺纹连接式

(d) 拉杆连接式　　(e) 焊接连接式

1—缸盖;2—缸筒;3—压板;4—半环;5—防松螺帽;6—拉杆。

图 4-22　缸筒和缸盖的常见结构形式

② 活塞和活塞杆。可把短行程的液压缸活塞杆与活塞做成一体,这是最简单的形式。但当行程较长时,这种整体式活塞组件的加工较复杂,所以常把活塞与活塞杆分开制造,然后再连接成一体。图 4-23 所示为常见的活塞与活塞杆的连接形式。

图 4-23a 所示的活塞与活塞杆之间采用螺母连接,它适用负载较小、受力无冲击的液压缸中。螺母连接虽然结构简单,安装方便可靠,但在活塞杆上车螺纹将削弱其强度。图 4-23b、c 所示为卡环式连接。图 4-23b 所示的活塞杆 5 上开有一个环形槽,槽内装有两个

半圆环 3 以夹紧活塞 4,半圆环 3 由轴套 2 套住,而轴套 2 的轴向位置用弹簧卡圈 1 来固定。图 4-23c 所示的活塞杆使用了两个半圆环 4,它们分别由两个密封圈座 2 套住,半圆形的活塞 3 安放在密封圈座的中间。图 4-23d 所示为径向销式连接,用锥销 1 把活塞 2 固连在活塞杆 3 上。这种连接方式特别适用于双杆式活塞。

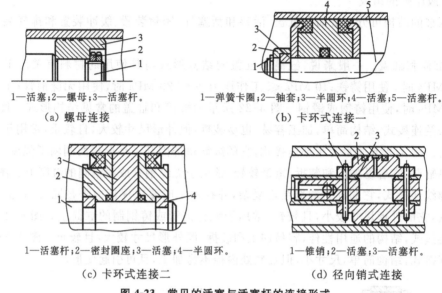

1—活塞;2—螺母;3—活塞杆。

（a）螺母连接

1—弹簧卡圈;2—轴套;3—半圆环;4—活塞;5—活塞杆。

（b）卡环式连接一

1—活塞杆;2—密封圈座;3—活塞;4—半圆环。

（c）卡环式连接二

1—锥销;2—活塞;3—活塞杆。

（d）径向销式连接

图 4-23 常见的活塞与活塞杆的连接形式

③ 密封装置。液压缸中常见的密封装置如图 4-24 所示。图 4-24a 所示为间隙密封,它依靠运动件的微小间隙来防止泄漏。为了提高这种装置的密封能力,常在活塞的表面上制出几条细小的环形槽,以增大油液通过间隙时的阻力。它的结构简单,摩擦阻力小,可耐高温,但泄漏大,加工要求高,磨损后无法恢复原有能力,只有在尺寸较小、压力较低、相对运动速度较高的缸筒和活塞间使用。图 4-24b 所示为摩擦环密封,它依靠套在活塞上的摩擦环（由尼龙或其他高分子材料制成）在 O 形密封圈弹力作用下贴紧缸壁而防止泄漏。这种材料效果较好,摩擦阻力较小且稳定,可耐高温,磨损后有自动补偿能力,但加工要求高,装拆较不便,适用于缸筒和活塞之间的密封。

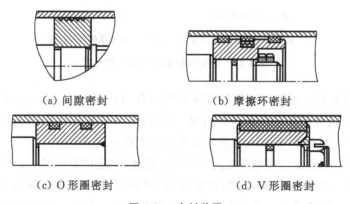

（a）间隙密封　　　　　　　　　（b）摩擦环密封

（c）O 形圈密封　　　　　　　　　（d）V 形圈密封

图 4-24 密封装置

图4-24c、d所示分别为O形圈密封和V形圈密封，它们利用橡胶或塑料的弹性使各种截面的环形圈贴紧在静、动配合面之间来防止泄漏。其结构简单，制造方便，磨损后有自动补偿能力，性能可靠，在缸筒与活塞、缸盖与活塞杆、活塞与活塞杆和缸筒与缸盖之间都能使用。

由于活塞杆外伸部分很容易把脏物带入液压缸，使油液受污染、密封件磨损，因此常需在活塞杆密封处增添防尘圈，并将其放在向着活塞杆外伸的一端。

④ 缓冲装置。液压缸一般都设置了缓冲装置，特别是对大型、高速或要求高的液压缸，为防止活塞在行程终点和缸盖相互撞击，引起噪声、冲击，必须设置缓冲装置。

缓冲装置的工作原理是利用活塞或缸筒在其走向行程终点时封住活塞和缸盖之间的部分油液，迫使油液从小孔或细缝中挤出，以产生很大的阻力，使工作部件受到制动，逐渐减慢运动速度，达到避免活塞和缸盖相互撞击的目的。

如图4-25a所示，当缓冲柱塞进入与其相配的缸盖上的内孔时，孔中的液压油只能通过间隙δ排出，使活塞速度降低。由于配合间隙不变，故活塞运动速度降低，起到了缓冲作用。如图4-25b所示，当缓冲柱塞进入配合孔之后，油腔中的油只能经节流阀排出，由于节流阀是可调的，因此缓冲作用也可调节，但仍不能解决速度降低后缓冲作用减弱的缺点。如图4-25c所示，在缓冲柱塞上开有三角槽，随着柱塞逐渐进入配合孔中，其节流面积越来越小，解决了在行程最后阶段缓冲作用过弱的问题。

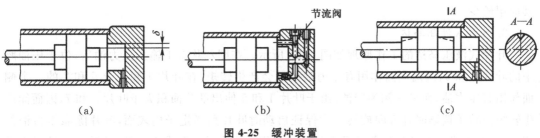

（a）　　　　　　　　　　（b）　　　　　　　　　　（c）

图 4-25　缓冲装置

⑤ 排气装置。液压缸在安装过程中或停放较长时间后，液压缸和管路系统中会渗入空气，为了防止执行元件出现爬行、噪声和发热等不正常现象，须把液压缸和系统中的空气排出。一般可在液压缸的最高处设置进、出油口以便排气，也可在最高处设置如图4-26a所示的放气小孔或专门的放气阀（图4-26b、c）。

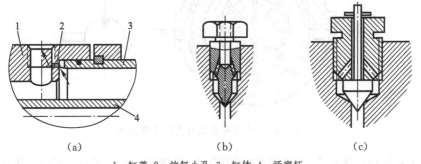

（a）　　　　　　　　　（b）　　　　　　　　　（c）

1—缸盖；2—放气小孔；3—缸体；4—活塞杆。

图 4-26　排气装置

（三）液压马达

液压马达是将液体的压力能转换为连续回转的机械能的液压执行元件。从原理上讲，泵和马达具有可逆性，其结构与液压泵基本相同。但由于它们的功用和工作状况不同，故在结构上存在着一定的差别。液压马达按结构可分为齿轮式、叶片式和轴向柱塞式三大类。下面分别介绍齿轮式、叶片式和轴向柱塞式的液压马达。

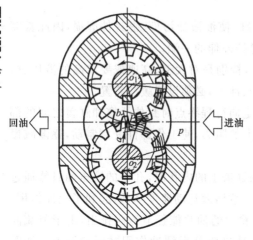

图 4-27　齿轮式液压马达的工作原理

1. 齿轮式液压马达

图 4-27 所示为齿轮式液压马达的工作原理。啮合点 P 到齿根的距离分别为 a 和 b。由于 a 和 b 都小于齿高 h，所以压力油 p 作用在齿面上时，两个齿轮就分别产生了作用力 $pB(h-a)$ 和 $pB(h-b)$（p 为输入压力，B 为齿宽），使两个齿轮按图示方向旋转，并将油排至低压腔。

齿轮式液压马达具有与齿轮泵相似的优点，如结构简单、体积小、质量轻、价格低等；缺点是效率低、启动性差、输出转速脉动严重，故其应用较少。

2. 叶片式液压马达

叶片式液压马达的工作原理如图 4-28 所示。在图示状态下输入压力油后，位于压油腔中的叶片 2 和 6，因两侧面作用有压力油而不会产生转矩，在叶片 1 和 3 及 5 和 7 的一个侧面作用有压力油，而另一侧为回油，由于叶片 1 和 5 伸出部分面积大于叶片 3 和 7，因而能产生转矩使转子按顺时针方向旋转。为保证启动时叶片贴紧定子内表面，叶片除靠压力油作用外，还要靠设置在叶片根部的预紧弹簧的作用。因为马达要求正反转，故叶片在转子中是径向放置的。

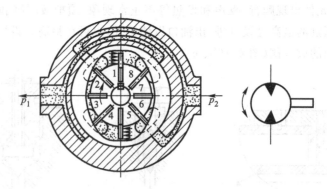

图 4-28　叶片式液压马达的工作原理

叶片式液压马达体积小、动作灵敏，但泄漏大、低速运转时不稳定。因此，叶片式液压马达适用于转速高、转矩小和要求换向频率较高的场合。

3. 轴向柱塞式液压马达

轴向柱塞式液压马达的工作原理如图 4-29 所示。斜盘 1 和配流盘 4 固定不动,缸体 3 及其上的柱塞 2 可绕缸体的水平轴线旋转。当压力油经配流盘通过缸孔进入柱塞底部时,柱塞被顶出压在斜盘上。斜盘对柱塞产生一个反作用力 F,F 的轴向分力 F_x 与柱塞后端的液压力相平衡,其值 $F_x = \dfrac{p \pi d^2}{4}$,而径向分力 $F_y = F_x \tan \gamma$,它对缸体轴线产生一个力矩 T,带动缸体旋转,力矩 $T = F_y \cdot h = F_y R \sin \alpha$。当液压马达的进油口、回油口互换时,液压马达将反向转动。若改变斜盘倾角的大小,就改变了液压马达的排量;若改变斜盘倾角的方向,也就改变了液压马达的旋转方向。

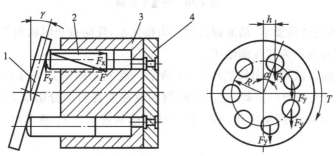

1—斜盘;2—柱塞;3—缸体;4—配流盘。

图 4-29　轴向柱塞式液压马达的工作原理

轴向柱塞式液压马达效率高,多用于大功率、转矩范围大的场合。它能获得较低的转速,目前已被广泛用于机床及各种自动控制液压传动系统中,但其价格比较昂贵。

(四) 液压控制元件

在液压传动系统中,液压控制元件主要用来控制液压元件承载能力和运动速度,以满足机械设备工作性能的要求。按其用途可分为方向控制阀、压力控制阀和流量控制阀三大类。尽管其类型各不相同,但它们之间存在着共性,即所有的阀都是通过控制阀体和阀芯的相对运动而实现控制目的的。

1. 方向控制阀

液压换向回路的核心元件是方向控制阀。方向控制阀主要用来通、断油路或改变油液的流动方向,从而控制液压执行元件的启动、停止或改变其运动方向。方向控制阀分为单向阀和换向阀两类。

(1) 单向阀

常见的单向阀有普通单向阀和液控单向阀两种。

① 普通单向阀。其主要作用是控制油液的单向流动,反向截止。图 4-30a 所示为普通单向阀的结构图。压力油从阀体左端的通口 P_1 流入时,克服弹簧 3 作用在阀芯 2 上的力,使阀芯向右移动,打开阀口,并通过阀芯 2 上的径向孔 a、轴向孔 b 从阀体右端的通口流出。但是压力油从阀体右端的通口 P_2 流入时,它和弹簧力一起使阀芯锥面压紧在阀座上,使阀

口关闭,油液无法通过。图 4-30b 所示是普通单向阀的图形符号。

动画

普通单向阀
工作原理

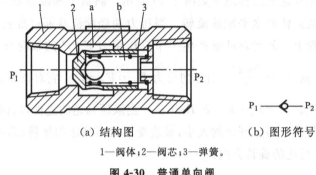

（a）结构图　　　　　　　　　　（b）图形符号

1—阀体；2—阀芯；3—弹簧。

图 4-30　普通单向阀

对普通单向阀的性能要求:油液通过时压力损失小,反向截止时密封性要好。若将弹簧换为硬弹簧,则可将其作为背压阀使用。

② 液控单向阀。液控单向阀如图 4-31 所示。液控单向阀是一种通入控制液压油后即能允许油液双向流动的单向阀,它由单向阀和液控装置两部分组成。当控制油口 K 处无压力油通入时,它和普通单向阀一样,压力油只能从进油口 P_1 流向出油口 P_2,不能反向流动。

动画

液控单向阀
工作原理

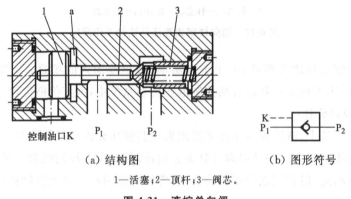

（a）结构图　　　　　　　（b）图形符号

1—活塞；2—顶杆；3—阀芯。

图 4-31　液控单向阀

当控制油口 K 处有压力油通入时,控制活塞 1 右侧的 a 腔通泄油口(图中未画出),在压力油作用下活塞向右移动,推动顶杆 2 顶开阀芯,使油腔 P_1 和 P_2 接通,油液就可以从 P_2 口流向 P_1 口。K 处通入的控制压力最小为主油路压力的 30%~50%(在高压系统中使用的、带卸荷阀芯的液控单向阀的最小控制压力约为主油路的 50%),液控单向阀的图形符号如图 4-31b 所示。

液控单向阀具有良好的单向密封性,常用于执行元件需要长时间保压、锁紧的情况下,也常用于防止立式液压缸停止运动时因自重而下滑的回路及速度换接回路中。

（2）换向阀

换向阀利用阀芯相对于阀体的相对运动,使油路接通、断开,或变换液流的方向,从而使液压执行元件启动、停止或变换运动方向。

换向阀的种类很多,其分类方式也各不相同。按阀芯相对于阀体的运动方式分,有滑阀和转阀两种;按操作方式分,有手动、机动、电磁动、液动和电-液动等多种;按阀芯工作时在阀体中所处的位置分,有二位和三位等;按换向阀所控制的通路数目分,有二通、三通、四通和五通等。在液压传动系统中广泛采用的是滑阀式换向阀,下面主要介绍这种换向阀的几种典型结构。

① 机动换向阀。机动换向阀又称行程阀,主要用来控制机械运动部件的行程,它借助于安装在工作台上的挡铁或凸轮迫使阀芯移动,从而控制油液的流动方向。机动换向阀通常是二位的,有二通、三通、四通和五通几种型式。其中,二位二通机动换向阀又分动开和动合两种。

滚轮式二位二通动合式机动换向阀(又称行程阀)的结构图如图 4-32a 所示。在图示位置阀芯 2 被弹簧压向左端,油腔 P 和 A 不通;当挡铁或凸轮压住滚轮 1 使阀芯 2 移动到右端时,油腔 P 和 A 接通。其图形符号如图 4-32b 所示。

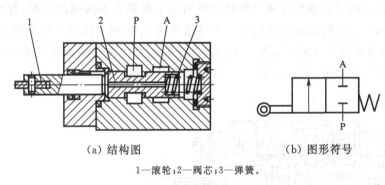

（a）结构图　　　　　　　　　（b）图形符号

1—滚轮;2—阀芯;3—弹簧。

图 4-32　滚轮式二位二通动合式机动换向阀

② 液动换向阀。液动换向阀是利用控制油路的压力油改变阀芯位置的换向阀。三位四通液动换向阀的结构图和图形符号如图 4-33 所示。阀芯是由其两端密封腔中油液的压差移动的,当控制油路的压力油从阀右边的控制油口 K_2 进入滑阀右腔时,K_1 接通回油,阀芯向左移动,使压力油口 P 与 B 相通,A 与 T 相通;当 K_1 接通压力油,K_2 接通回油时,阀芯向右移动,使得 P 与 A 相通,B 与 T 相通;当 K_1 和 K_2 都接通回油时,阀芯在两端弹簧和定位套作用下回到中间位置。

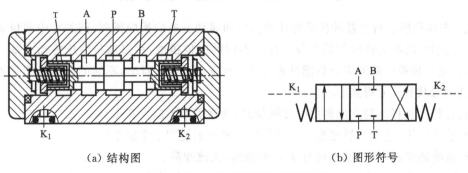

（a）结构图　　　　　　　　　（b）图形符号

图 4-33　三位四通液动换向阀

③ 电-液动换向阀。在大中型液压设备中,当通过阀的流量较大时,作用在滑阀上的摩擦力和液动力较大。此时电磁换向阀的电磁铁推力相对比较小,需要用电-液动换向阀代替电磁换向阀。电-液动换向阀由电磁滑阀和液动滑阀组合而成。电磁滑阀起先导作用,它可以改变控制液流的方向,从而改变液动滑阀阀芯的位置。由于操纵液动滑阀的液压推力可以很大,所以主阀阀芯的尺寸可以做得很大,允许有较多的油液通过。这样用较小的电磁铁就能控制较多的液流。

弹簧对中型三位四通电-液动换向阀的结构图和图形符号如图 4-34 所示。当先导电磁阀左边的电磁铁通电后,其阀芯向右移动,来自主阀 P 口或外接油口的控制压力油可经先导电磁阀的 a 口和左单向阀进入主阀左端油腔,并推动主阀阀芯向右移动。这时主阀阀芯右端油腔中的控制油液可通过右边的节流阀经先导电磁阀的 b 口和 T′口,再从主阀的 T 口或外接油口流回油箱(主阀阀芯的移动速度可由右边的节流阀调节)。使主阀 P 口与 A、B 和 T 口的油路相通;反之,如果先导电磁阀右边的电磁铁通电,可使 P 口与 B、A 和 T 口的油路相通;当先导电磁阀的两个电磁铁均不带电时,先导电磁阀阀芯在其对中弹簧作用下回到中位,此时来自主阀 P 口或外接油口的控制压力油不再进入主阀阀芯的左、右两个油腔,主阀阀芯左、右两个油腔的油液通过先导阀中间位置的 a、b 两个油口与先导阀 T′口相通,再从主阀的 T 口或外接油口流回油箱。主阀阀芯在两端对中弹簧的预压力的推动下,依靠阀体定位,准确地回到中位,此时主阀的 P、A、B、T 口均不通。

动画

三位四通电
液换向阀工
作原理

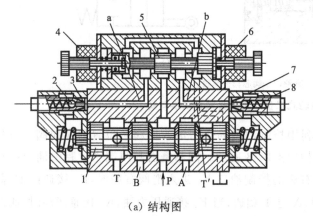

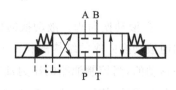

（a）结构图　　　　　　　　　　　　　　（b）图形符号

1—主阀阀芯;2—单向阀阀芯;3—单向阀阀体;4—先导电磁阀左电磁铁;5—先导电磁阀阀芯;
6—先导电磁阀右电磁铁;7—主阀阀芯右端油腔;8—单向阀调节螺钉。

图 4-34　弹簧对中型三位四通电-液动换向阀

④ 中位机能。对于各种操纵方式的三位四通和五通的换向滑阀,阀芯在中间位置时各油口的连通情况称为换向阀的中位机能。不同的中位机能,可以满足液压传动系统的不同要求,常见三位换向阀的中位机能见表 4-2。由表 4-2 可以看出,不同的中位机能是通过改变阀芯的形状和尺寸得到的。

在分析和选择三位换向阀的中位机能时,通常需考虑以下几点。

● 系统保压:当 P 口被堵塞时,系统保压,液压泵能用于多缸系统。

● 系统卸荷:当 P 口通畅地与 T 口相通时,系统卸荷。

● 换向平稳性与精度:当液压缸 A 和 B 两个油口都堵塞时,换向过程中易产生液压冲击,换向不平稳,但换向精度高;反之,A 和 B 两个油口都与 T 口相通时,换向过程中工作部件不易制动,换向精度低,但液压冲击小。

● 启动平稳性:当阀在中位时,如液压缸某腔通油箱,则启动时该腔内因无足够的油液起缓冲作用,启动不平稳。

● 液压缸"浮动"和在任意位置上的停止:当阀在中位时,当 A 和 B 两个油口互通时,卧式液压缸呈"浮动"状态,可利用其他机构移动工作台,调整其位置;当 A 和 B 两个油口堵塞,则可以使液压缸在任意位置停下来,缸处于锁紧状态。

表 4-2　常见三位换向阀的中位机能

中位机能类型	中间位置时的滑阀状态	中间位置的符号	
		三位四通	三位五通
O			
H			
Y			
J			
C			
P			
K			
X			
M			

2. 压力控制阀

在液压传动系统中,控制液体压力或控制执行元件、电气元件等在某一调定压力下动作的阀称为压力控制阀。

常用的压力控制阀有溢流阀、减压阀、顺序阀、压力继电器等,各压力控制阀虽然在结构和功能上各异,但与气动系统中的压力控制阀一样,是利用作用在阀芯上的液压力和弹簧力相平衡的原理进行工作的。

(1) 溢流阀

溢流阀按其结构原理可分为直动式和先导式两种。直动式用于低压系统,先导式用于中高压系统。

① 直动式溢流阀。直动式溢流阀如图 4-35 所示。P 是进油口,T 是回油口,进口压力油经阀芯 4 中间的阻尼孔作用在阀芯的底部端面上,当进油压力较小时,阀芯在弹簧 2 的作用下处于下端位置,将 P 和 T 两油口隔开。当油压力升高,在阀芯下端所产生的作用力超过弹簧的压紧力。此时,阀芯上升,阀口被打开,将多余的油液排回油箱,阀芯上的阻尼孔对阀芯的动作产生阻尼,可提高阀的工作平衡性。

调节螺母 1 可以改变弹簧的预压缩量,从而调定溢流阀的溢流压力。

这种溢流阀因压力直接作用于阀芯,故称为直动式溢流阀。该阀的定压精度较低,所以直动式溢流阀一般只能用于低压小流量的场合。当控制较高压力和流量时,需要刚度较大的调压弹簧。此时不但手动调节困难,而且溢流阀阀口开度(调压弹簧附加压缩量)略有变化便引起较大的压力变化。直动式溢流阀的最大调整压力为 2.5 MPa。

动画

直动式溢流
阀工作原理

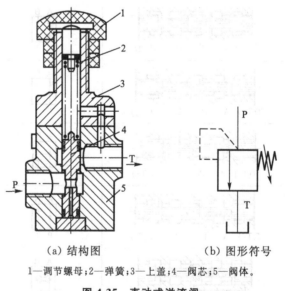

(a) 结构图　　　　(b) 图形符号

1—调节螺母;2—弹簧;3—上盖;4—阀芯;5—阀体。

图 4-35　直动式溢流阀

② 先导式溢流阀。先导式溢流阀如图 4-36 所示,它由先导阀和主阀两部分组成。先导阀实际上是一个小流量的直动式溢流阀,阀芯是锥阀,用来控制压力;主阀阀芯是滑阀,用来控制溢流流量。压力油从 P 口进入,通过阻尼孔 3 后作用在先导阀 4 上。当进油口压力

较低,先导阀上的液压作用力不足以克服先导阀右边的弹簧 5 的作用力时,先导阀关闭,没有油液流过阻尼孔,所以,主阀阀芯 2 两端的压力相等,在较软的主阀弹簧 1 的作用下主阀阀芯 2 处于最下端位置,溢流阀阀口 P 和 T 隔断,没有溢流。

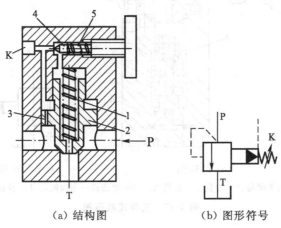

(a) 结构图   (b) 图形符号

1—主阀弹簧;2—主阀阀芯;3—阻尼孔;4—先导阀;5—弹簧。

图 4-36 先导式溢流阀

当进油口压力升高,作用在先导阀上的液压作用力大于先导阀弹簧作用力时,先导阀打开,压力油可通过阻尼孔经先导阀流回油箱。由于阻尼孔的作用,使主阀阀芯上端的液压力和下端压力间的压力差作用在主阀阀芯上,当这个作用力等于或超过主阀弹簧力,并克服摩擦力和主阀阀芯自重时,主阀阀芯开启,油液从 P 口流入,经主阀阀口由 T 流回油箱,实现溢流,使油液压力不超过调定压力。若油液压力随溢流而下降,先导阀上的液压作用力小于弹簧 5 的弹簧力时,先导阀关闭,没有油液流过阻尼孔,主阀阀芯在主阀弹簧 1 的作用下往下移动,关闭回油口,停止溢流。这样,在系统压力超过调定压力时溢流阀溢流,不超过时则不溢流,只起到限压、溢流的作用。先导式溢流阀压力稳定、波动小,主要用于中压系统。

(2) 减压阀

减压阀主要用来使液压传动系统中的某一支路获得比液压泵供油压力低的稳定压力。减压阀也有直动式和先导式之分,先导式减压阀应用得较多。减压阀在各种液压设备的夹紧系统、润滑系统和控制系统中应用得较多。

图 4-37 所示为先导式减压阀,它由先导阀和主阀两部分组成,先导阀调压,主阀减压。压力油从阀的进油口(图中未标出)进入进油腔 P_1,经减压阀口 h 减压后,再从出油腔 P_2 和出油口流出。出油腔压力经小孔 d 进入主阀阀芯 5 的下端,同时经阻尼小孔 e 流入主阀阀芯的上端,再经孔 b 和 a 作用于锥阀阀芯 3 上。当出口压力 p_2 低于调压弹簧的调定压力时,先导阀关闭,减压阀节流口开度最大,不起减压作用,其进口油压 p_1 与出口油压 p_2 基本相等。当 p_2 达到先导阀弹簧调定压力时,先导阀开启。节流口开度减小,节流口压降 Δp 增加,阀起减压作用,即 $p_2 = p_1 - \Delta p$。若出口压力受外界干扰而变动时,减压阀将会自动调整减压阀节流口开度来保证调定的出口压力值基本不变。

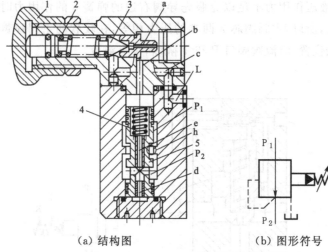

（a）结构图　　　　　　（b）图形符号

1—调节螺母；2—弹簧；3—锥阀阀芯；4—弹簧；5—主阀阀芯；L—泄油口。

图 4-37　先导式减压阀

（3）顺序阀

顺序阀用来控制液压传动系统中各执行元件动作的先后顺序。根据控制压力的不同，顺序阀又分为内控式和外控式两种。前者用阀的进口压力控制阀芯的启闭，后者用外来的控制压力油控制阀芯的启闭（即液控顺序阀）。顺序阀也有直动式和先导式两种，前者一般用于低压系统，后者用于中高压系统。

图 4-38a 和图 4-38b 分别是直动式和先导式顺序阀，顺序阀和溢流阀的结构和工作原理相似。当进口压力超过调定压力时，进、出油口接通。调节弹簧的预压力，即可调节顺序阀开启压力。若将图 4-38b 所示的顺序阀的下盖去掉外控口 C 的螺塞，并从外控口 C 引入控制压力油来控制阀口的启闭，则称为液控顺序阀。若将上盖旋转 90°或 180°安装，使泄油口 L 与出油口 P_2 相通，并将外泄油口堵死，便成为外控内泄式，阀出口接油箱，常用于泵卸荷，故称为卸荷阀。

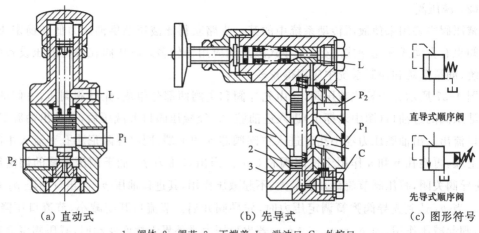

（a）直动式　　　　　　　　（b）先导式　　　　　　（c）图形符号

1—阀体；2—阀芯；3—下端盖；L—泄油口；C—外控口。

图 4-38　顺序阀

（4）压力继电器

压力继电器是将液压信号转换为电信号的转换元件,其作用是根据液压传动系统的压力变化自动接通或断开相关电路,以实现对系统的程序控制和安全保护功能,如图 4-39 所示。任何压力继电器都是由压力-位移转换装置和微动开关两部分组成的,前者的结构分为柱塞式、弹簧式、膜片式和波纹管式四类,其中柱塞式最为常用。柱塞式压力继电器的工作原理是:控制油口 K 与液压传动系统相连通,当油液压力达到调定值(开启压力)时,膜片 1 在油液压力的作用下向上鼓起,使柱塞 5 上移,钢球 2、8 在柱塞圆锥面的推动下水平移动,通过杠杆 9 压下微动开关 11 的触销 10 接通电路,从而发出电信号。当控制油口 K 的压力下降到一定数值(闭合压力)时,弹簧 6 和 4(通过钢球 2)将柱塞下压,这时钢球 8 落入柱塞的圆锥面槽内,微动开关的触销复位,将杠杆推回,电路断开。发出信号时的油液压力可通过调节螺钉 7 改变弹簧 6 对柱塞 5 的压力进行调定。开启压力与闭合压力之差称为返回区间,其大小可通过调节螺钉 3,即调节弹簧 4 的预压缩量,从而改变柱塞移动时的摩擦阻力,使返回区间可在一定范围内改变。

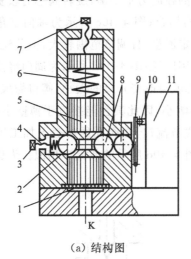

　　　　　（a）结构图　　　　　　　　　　（b）图形符号

1—膜片;2、8—钢球;3、7—调节螺钉;4、6—弹簧;5—柱塞;9—杠杆;10—触销;11—微动开关。

图 4-39　压力继电器

3. 流量控制阀

流量控制阀是依靠改变阀口通流面积来调节输出流量,从而控制执行元件运动速度的阀。液压传动系统中速度控制回路的核心元件是流量控制阀,流量控制阀主要有节流阀和调速阀两种,其中节流阀与气动节流阀类似。在液压传动系统与气动系统中,进口和出口节流调速的特点基本相同。

（1）流量控制原理及节流口形式

节流阀节流口通常有三种基本形式:薄壁小孔、细长小孔和厚壁小孔,但无论节流口采用何种形式,通过节流口的流量 q 及其前后压力差 Δp 的关系均可用式子 $q = KA\Delta p^m$ 来表示(A 为通流面积)。

① 压差对流量的影响。节流阀两端压差 Δp 变化时,通过它的流量会发生变化,三种结

构形式的节流口中,通过薄壁小孔的流量受到压差改变的影响最小。

② 油温对流量的影响。油温影响油液黏度,对于细长小孔,油温变化时,流量也会随之改变;对于薄壁小孔,黏度对流量几乎没有影响,故油温变化时,其流量基本不变。

③ 节流口的堵塞。节流阀的节流口可能因油液中的杂质或由于油液氧化后析出的胶质、沥青等而发生局部堵塞,这样就改变了原来节流口通流面积的大小,使流量发生变化。尤其是当开口较小时,这种影响更为突出,严重时会完全堵塞,出现断流现象。因此,节流口的抗堵塞性能也是影响流量稳定性的重要因素之一,尤其会影响流量控制阀的最小稳定流量。一般节流口通流面积越大、节流通路越短、水力直径越大,越不容易堵塞,另外油液的清洁度也会对堵塞产生影响。一般流量控制阀的最小稳定流量为 0.05 L/min。

综上所述,为保证流量稳定,节流口的形式以薄壁小孔较为理想。图 4-40 所示为常用的节流口形式。图 4-40a 所示为针阀式节流口,它通路长,湿周大,易堵塞,流量受油温影响较大,一般用于对性能要求不高的场合;图 4-40b 所示为偏心槽式节流口,其性能与针阀式节流口相同,但制造容易,其缺点是阀芯上的径向力不平衡,旋转阀芯时较费力,一般用于压力较低、流量较大和流量稳定性要求不高的场合;图 4-40c 所示为轴向三角槽式节流口,其结构简单,水力直径中等,可得到较小的稳定流量,且调节范围较大,但节流通路有一定的长度,油温变化对流量有一定的影响,目前应用广泛;图 4-40d 所示为周向缝隙式节流口,沿阀芯周向开有一条宽度不等的狭槽,转动阀芯就可改变开口的大小,阀口做成薄刃形,通路短,水力直径大,不易堵塞,油温变化对流量影响小,因此其性能接近于薄壁小孔,适用于低压、小流量的场合;图 4-40e 所示为轴向缝隙式节流口,在阀孔的衬套上加工出薄壁阀口,阀芯做轴向移动即可改变开口大小,其性能与图 4-40d 所示的节流口相似。为保证流量稳定,节流口的形式以薄壁小孔较为理想。

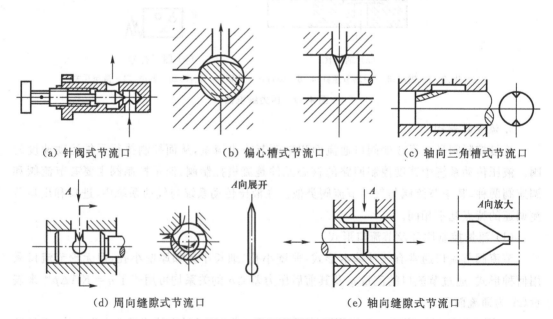

(a) 针阀式节流口   (b) 偏心槽式节流口   (c) 轴向三角槽式节流口

(d) 周向缝隙式节流口   (e) 轴向缝隙式节流口

图 4-40 常用的节流口形式

（2）节流阀的结构及其特点

图 4-41 所示为一种普通节流阀,压力油从进油口 P_1 流入,从出油口 P_2 流出。调节手轮 3,可通过推杆 2 使阀芯 1 作轴向移动,以改变节流口的通流截面积,调节流量。这种节流阀的进、出油口可互换,节流阀能正常工作的最小流量限定值称为节流阀的最小稳定流量。

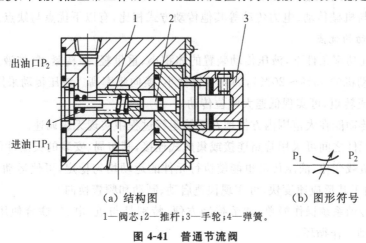

（a）结构图　　　　（b）图形符号

1—阀芯;2—推杆;3—手轮;4—弹簧。

图 4-41　普通节流阀

（3）调速阀的结构及其特点

调速阀是由定差减压阀与节流阀串接而成的,定差减压阀能自动保持节流阀前、后的压力差不变,从而使通过节流阀的流量不受负载变化的影响,如图 4-42 所示。液压泵的出口（即调速阀的进口）压力为 p_1,由溢流阀调定,基本上保持恒定。调速阀出口处的压力为 p_3,由液压缸负载 F 决定。油液先经减压阀产生一次压力降,将压力降到 p_2,此压力油经通道 f 和 e 进入减压阀的 c 腔和 d 腔。节流阀的出口压力 p_3 又经反馈通道 a 作用到减压阀的上腔 b,当减压阀的阀芯在弹簧力 F_s、油液压力 p_2 和 p_3 的作用下处于某平衡位置时,有 $p_2A_1 + p_2A_2 = p_3A + F_s$,式中 A_1、A_2 和 A 分别为 c 腔、d 腔和 b 腔内的压力油作用在阀

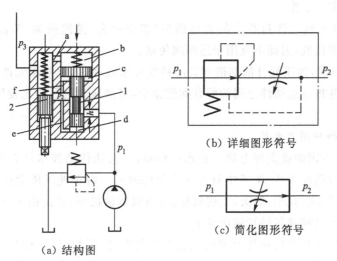

（b）详细图形符号

（c）简化图形符号

（a）结构图

1—减压阀阀芯;2—节流阀阀芯。

图 4-42　调速阀

芯上的有效面积,且 $A=A_1+A_2$,故 $p_2-p_3=\Delta p=F_s/A$。因为弹簧刚度较低,且工作过程中减压阀阀芯位移很小,可以认为 F_s 基本保持不变。故节流阀两端压力差(p_2-p_3)也基本保持不变,从而保证了通过节流阀的流量稳定。

(五) 液压传动的特点与应用

液压传动与机械传动、电力传动等其他传动方式相比,有以下优点与缺点。

1. 液压传动的优点

(1) 在相同功率条件下,液压传动装置的体积小、重量轻、结构紧凑(如液压马达的质量只有同功率电动机的 15%～20%),因而其惯性小,换向频率高。液压传动采用高压时,能输出较大的推力或转矩,可实现低速大吨位传动。

(2) 液压传动能在大范围内方便地在系统运行过程中实现无级调速。

(3) 液压元件之间可采用管路连接或集成式连接,其布局、安装的灵活性佳。

(4) 即使负载变化,液压传动也能使执行元件的运动均匀稳定,可使运动部件换向时无冲击。而且,由于其反应速度快,可实现快速启动、制动和频繁换向。

(5) 液压传动系统操作简单,调节控制方便,特别是与机、电、气联合使用时,能方便地实现复杂的自动工作循环。

(6) 液压传动系统便于实现过载保护,使用安全、可靠,不会因为过载而造成元件的损坏。各液压元件中的运动部件均在油液中工作,能自行润滑,故使用寿命长。

(7) 由于液压元件已实现标准化、系列化和通用化,故液压传动系统的设计及其元件的制造、维修都已大大简化,且周期短。

2. 液压传动的缺点

(1) 液压传动系统中的泄漏和液体的可压缩性会影响执行元件运动的准确性,故液压传动系统在对传动比要求比较严格的情况下不宜使用(如螺纹和齿轮加工)。

(2) 液压传动对油温变化比较敏感,其工作稳定性很容易受到温度的影响,因而不宜在很高或很低的温度下工作。

(3) 液压传动系统工作过程中的能量损失(泄漏损失、溢流损失、节流损失、摩擦损失等)较大,传动效率较低,因而不宜用于远距离传动。

(4) 为减少泄漏,液压元件的制造和装配精度要求较高,因此液压元件及液压设备的造价较高。液压设备相对运动件之间的配合间隙很小,对液压油的污染比较敏感,对工作环境要求高。

3. 液压传动的应用与发展

从 18 世纪末英国制成世界上第一台水压机算起,液压传动技术已有 200 多年的历史,而液压传动技术应用在生产、生活中只有几十年的时间。由于液压传动技术具有独特的优点,已广泛应用于机床、火车、航天、工程机械、起重机运输机械、矿山机械、建筑机械、农业机械、冶金机械、轻工机械等各种智能机械上。

我国的液压传动技术是在新中国成立后发展起来的,最初只是应用于锻压设备上。50多年来,我国的液压传动技术发展很快,从无到有,从最初的引进国外技术到现在的自主产品设计,产品在性能、种类和规格上与国际先进产品的水平越来越接近。

随着世界工业水平的不断提高,各类液压产品的标准化、系列化和通用化也使液压传动技术得到了迅速发展,液压传动技术开始向高压、高速、大功率、高效率、低噪声、低能耗、高度集成化等方向发展。可以预见,液压传动技术将在现代化生产中发挥越来越重要作用。

(六)液压传动系统实例

一个能实现工作台往复运动的机床工作台液压系统工作原理如图 4-43 所示。

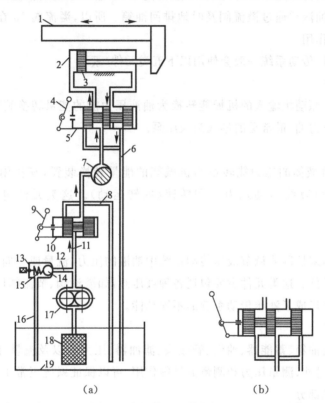

动画

机床工作台液压系统工作原理

1—工作台;2—液压缸;3—活塞;4—换向手柄;5—换向阀;6、8、16—回油管;7—节流阀;
9—开停手柄;10—开停阀;11—压力管;12—压力支管;13—溢流阀;14—钢球;
15—弹簧;17—液压泵;18—滤油器;19—油箱。

图 4-43 机床工作台液压系统工作原理

在图 4-43a 所示的状态下,液压缸固定在床身上,活塞连同活塞杆带动工作台做往复运动。液压泵由电动机驱动后,从油箱 19 中吸油。油液经滤油器 18 进入液压泵 17,并送入密闭的系统内。来自液压泵的压力油经开停阀到节流阀再到换向阀,并进入液压缸 2 左腔,推动工作台向右移动。液压缸 2 右腔的油液经换向阀 5 流回油箱。

若将换向阀 5 的手柄向左拉,使阀芯处于如图 4-43b 所示的位置,来自液压泵中的压力油则经开停阀到节流阀再到换向阀,并进入液压缸 2 右腔,推动工作台向左移动。液压缸 2 左腔的油液经换向阀 5 流回油箱。

当换向阀的阀芯处于中间位置时,换向阀的进、出油口全被堵死,使液压缸两腔既不进油也不回油,活塞停止运动。此时,液压泵输出的压力油液全部经过溢流阀流回油箱,即在液压泵继续工作的情况下,也可以使工作台停止在任意位置。

工作台的移动速度通过节流阀 7 调节。当节流阀的阀口增大时,进入液压缸的油液流量增大,工作台的移动速度升高;当节流阀的阀口减小时,工作台的移动速度将减小。

转动溢流阀 13 的调节螺钉,可调节弹簧的预紧力。弹簧的预紧力越大,密闭系统中的油压就越高,工作台移动时,能克服的阻力就越大;预紧力越小,系统能得到的最大工作压力就越小,能克服的阻力也越小。另外,在一般情况下,泵输给系统的油量多于液压缸所需要的油量时,多余的油液须通过溢流阀及时地排回油箱。所以,溢流阀 13 在该液压传动系统中起调压、溢流的作用。

由此可见,液压传动系统一般会使用以下五类元件(素):

(1)动力元件

动力元件是把原动机输入的机械能转换为油液压力能的能量转换装置,其作用是为液压传动系统提供压力油,最常见的形式为液压泵。

(2)执行元件

执行元件是将液体的压力能转换为机械能的能量转换装置,其作用是在压力油的推动下输出力和速度(直线运动)、力矩和转速(回转运动)。这类元件包括液压缸和液压马达。

(3)控制元件

控制元件是用来控制或调节液压传动系统中油液的压力、流量或方向,以保证执行元件完成预期工作的元件。这类元件主要包括各种液压阀,如溢流阀、节流阀以及换向阀等。这些元件的不同组合形成了液压传动系统的不同功能。

(4)辅助元件

辅助元件是指油箱、蓄能器、油管、管接头、滤油器、压力表以及流量计等,起散热储油、蓄能、输油、连接、过滤、测量压力和测量流量等作用,可以保证系统正常工作,是液压传动系统不可缺少的组成部分。

(5)工作介质

工作介质在液压传动及控制装置中起传递运动、动力及信号的作用,常用的工作介质为液压油或其他合成液体。

互动练习

项目四自测

▶ **三、操作训练**

任务一　认识液压动力元件

1.任务分析

对照图片、多媒体课件或实训现场实物,识别各种类型的液压泵及其铭牌,工时定额 0.5 h;完成 1 台液压泵的拆装(本实训选用 CB-B 型齿轮泵,其结构如图 4-44 所示),工时定额 2 h,以熟悉常用液压泵的结构,进一步理解其工作原理,从而掌握液压泵安全拆装的基本技能。

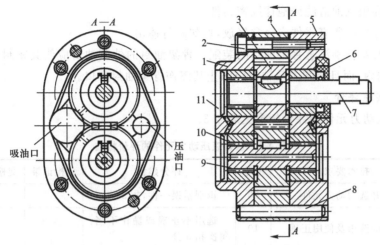

1—前泵盖;2—螺钉;3—主动齿轮;4—泵体;5—后泵盖;6—油封;7—主动轴;
8—定位销;9—从动轴;10—滚针轴承;11—堵头。

图 4-44　CB-B 型齿轮泵结构图

2. 设备及工具介绍

(1) 设备:液压实训台,CB-B 型齿轮泵、叶片泵、柱塞泵等各类液压泵实物,每种 3～4 台,总数不少于 15 台。

(2)工具:内六角扳手、耐油橡胶板、油盆及钳工常用工具。

3. 操作过程

(1) 识别液压泵

对照图片、多媒体课件或实训现场实物,识别各种类型的液压泵(齿轮泵、叶片泵、柱塞泵、螺杆泵、两个泵组合而成的联泵等),识读其铭牌。

(2) 拆装液压泵

① 分析产品铭牌,了解其型号和基本参数,查阅产品目录资料,熟悉主要零件的名称和作用,分析该元件的结构特点,制订拆卸工艺过程。

② 拆掉前泵盖 1 上的螺钉 2 和定位销,使泵体 4、后泵盖 5 与前泵盖分离。

③ 拆下主动轴 7 及主动齿轮 3、从动轴 9 及从动齿轮等。拆卸中要注意观察齿轮泵泵体中铸造的油道、骨架油封密封唇口的方向、主从动齿轮的啮合、各零部件间的装配关系、拆卸顺序与方向等,随时做好记录,以便下一步进行安装。

④ 清洗各零件,将轴与泵盖之间、齿轮与泵体之间的配合表面涂润滑油,然后按拆卸时的反向顺序装配。

⑤ 所有螺钉都紧固后,向油泵的进油口注入机油,用手转动主动轴应均匀无过紧。

(3) 注意事项

① 在拆装齿轮泵时,注意保持清洁,防止灰尘污物落入泵中。

② 拆卸下来的零件要做到不落地、不划伤、不锈蚀。

③ 拆装清洗时,禁用破布、棉纱擦洗零件,以免棉纱头脱落混入液压传动系统,应当使用毛刷或绸布清洗。

④ 不允许用汽油清洗浸泡橡胶密封件。

⑤ 拆装过程中所有零件应轻拿轻放，切勿敲打撞击。

⑥ 装配时要特别注意骨架油封的装配。骨架油封的外侧油封应使其密封唇口向外，内侧油封唇口向内，而且装配主动轴时应防止其擦伤骨架油封唇口。

4. 任务实施评价

认识液压动力元件的评价标准见表 4-3。

表 4-3 认识液压动力元件的评价标准

序号	技术要求	配分	评分建议	自检记录	交检记录	得分
1	识别并选用动力元件	20	识别错误一件，扣 5 分			
2	工具的选用及使用正确	10	选用不正确或操作不当，每次扣 5 分			
3	动力元件的拆卸方法正确、合理	30	每错一步扣 5 分			
4	动力元件的装配方法正确、合理	30	每错一步扣 5 分			
5	安全文明生产	10	违者每次扣 2 分，严重者扣 5～10 分			

任务二　认识液压执行元件

1. 任务分析

对照图片、多媒体课件或实训现场实物，识别各种类型的液压缸及其铭牌，工时定额 0.5 h；完成 1 台液压缸的拆装（本实训选用单杆活塞缸或双杆活塞缸），工时定额 2 h，以熟悉常用液压缸的结构，进一步理解其工作原理，从而掌握液压缸安全拆装的基本技能。

2. 设备及工具介绍

（1）设备：液压实训台，各种类型的液压缸实物和齿轮式、叶片式、柱塞式等各种液压马达，每种 3～4 台，总数不少于 15 台。

（2）工具：内六角扳手、耐油橡胶板、油盆及钳工常用工具。

3. 操作过程

（1）识别液压缸

对照图片、多媒体课件或实训现场实物，识别各种类型的液压缸和液压马达，例如齿轮式液压马达、叶片式液压马达、轴向柱塞式液压马达、高速小扭矩液压马达、低速大扭矩液压马达、摆线式液压马达、活塞式液压缸、差动液压缸、柱塞式液压缸、齿轮齿条摆动式液压缸、伺服液压缸等，识读其铭牌。

（2）拆装液压缸

① 将缸体夹紧在工作台上，利用专用扳手拧开缸盖，取出导向套，拉出活塞连杆部件。

② 将活塞杆包上铜皮并夹紧在工作台上，取下弹簧挡圈，卸下卡环帽，取出卡环，用木槌或铁锤木柄轻击活塞右端，将活塞从活塞杆左端取出。

③ 清洗、检查、修理。特别应注意密封圈有无损坏、活塞杆是否弯曲、缸内壁划伤情况等。

④ 将配合表面涂润滑油,然后按与拆卸顺序相反的顺序进行装配。

（3）注意事项

① 拆卸过程中,注意观察导向套、活塞、缸体的相互连接关系,卡键的位置及与周围零件的装配关系,油缸的密封部位、密封原理,液压缸缓冲结构的结构形式和工作原理。

② 拆卸时应防止损伤活塞杆顶端螺纹、油口螺纹和活塞杆表面。

③ 拆卸活塞时,不应强行从缸筒打出,以免损伤缸筒内壁。

④ 在组装零件时,必须用煤油或柴油清洗干净,干燥后用不起毛的布擦拭干净,切忌用棉纱擦洗零件。

⑤ 组装前,需检查各个零件,应注意密封圈是否过度磨损、老化、失去弹性,唇边有无损伤;检查缸筒、活塞、导向套等零件表面有无纵向拉痕或单边过度磨损,并进行必要的修复或更换。

⑥ 装配时要注意调整密封圈的压紧装置,使之松紧合适,保证活塞杆能用手来回拉动,且使用时不能有过多泄漏（允许有微量的泄漏）,不得漏装和装反零件。

⑦ 装配液压缸后应进行液压缸的功能试验。

4. 任务实施评价

认识液压执行元件的评价标准见表 4-4。

表 4-4　认识液压执行元件的评价标准

序号	技术要求	配分	评分建议	自检记录	交检记录	得分
1	识别并选用执行元件	20	识别错误一件,扣 5 分			
2	工具的选用及使用正确	10	选用不正确或操作不当,每次扣 5 分			
3	执行元件的拆卸方法正确、合理	30	每错一步扣 5 分			
4	执行元件的装配方法正确、合理	30	每错一步扣 5 分			
5	安全文明生产	10	违者每次扣 2 分,严重者扣 5~10 分			

任务三　认识液压控制元件

1. 任务分析

对照图片、多媒体课件或实训现场实物,识别各种类型的液压控制元件及其铭牌,工时定额 1 h;完成典型的方向控制阀（例如 34DO-B10C 型电磁换向阀,如图 4-45 所示）、压力控制阀（例如 YF 型先导式溢流阀,如图 4-46 所示）、流量控制阀（例如 LF 型节流阀,如图 4-47 所示）各 1 台的拆装,以熟悉常用液压控制元件的结构,进一步理解其工作原理,从而掌握液压控制元件安全拆装的基本技能,工时定额 3 h。

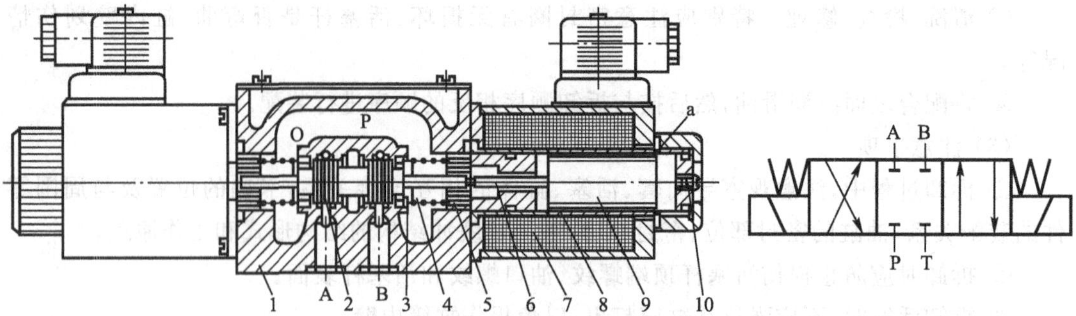

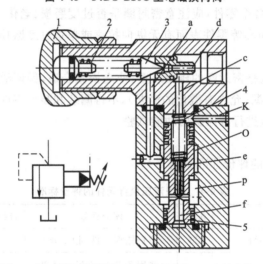

1—阀体;2—阀芯;3—弹簧座;4—弹簧;5—挡块;6—推杆;7—线圈;
8—密封导磁套;9—衔铁;10—防气螺钉。

图 4-45 34DO-B10C 型电磁换向阀

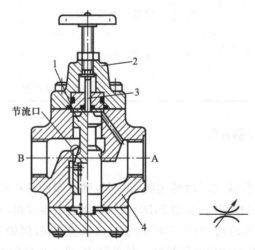

1—调节手轮;2—调压弹簧(先导阀);3—先导阀阀芯;4—主阀弹簧;5—主阀芯。

图 4-46 YF 型先导式溢流阀

1—阀芯;2—阀盖;3—推杆;4—阀体。

图 4-47 LF 型节流阀

2. 设备及工具介绍

(1) 设备：液压实训台，各种类型的控制阀实物，每种 3～4 台，总数不少于 15 台。

(2) 工具：内六角扳手、耐油橡胶板、油盆及钳工常用工具。

3. 操作过程

(1) 识别液压控制元件

对照图片、多媒体课件或实训现场实物，识别各种类型的液压控制元件，例如单向阀、换向阀、比例阀、插装阀、溢流阀、顺序阀、减压阀、压力继电器、节流阀、调速阀等，识读其铭牌。

(2) 拆装方向控制阀（34DO-B10C 型电磁换向阀）

① 拆卸。松开电磁换向阀一端的电磁螺钉→取下螺钉和电磁铁→松开换向阀另一端的电磁螺钉→取下螺钉和电磁铁→取下阀两端 O 形密封圈座→取下 O 形密封圈→取出弹簧→取出弹簧座→拿出推杆→取出阀芯。

② 结构观察。34DO-B10C 型电磁换向阀是三位四通换向阀，主要由电磁铁、O 形密封圈座、O 形密封圈、弹簧、弹簧座、推杆、阀体、阀芯等零件组成，并通过螺钉将电磁铁与阀体连接成一体。

③ 装配。将各零件用汽油清洗干净→将阀芯及阀体涂少许液压油，并将阀芯放入阀体内→将推杆放入弹簧座→将弹簧座放入阀体→放入弹簧→O 形密封圈座上放入 O 形密封圈→放入挡板→放入 O 形密封圈座→将推杆插入电磁铁内孔→用螺钉将电磁铁与阀体紧固在一起。

(3) 拆装压力控制阀（YF 型先导式溢流阀）

① 拆卸。将先导阀内六角螺钉松开并取下，使先导阀与主阀分开→取出上阀 O 形密封圈，轻轻取出主阀芯，取下主阀弹簧→松开先导阀锁紧螺母，旋下调压手轮，松开主螺母，取出弹簧座、弹簧及锥阀→松开下端远程控制口螺栓，取下螺栓及密封垫→用铜棒轻轻敲击取出阀座。

② 结构观察。YF 型先导式溢流阀由调压手轮、锁紧螺母、固定螺母、导向弹簧座、调压弹簧、锥阀、锥阀阀座、垫圈、螺栓、螺钉、阀体、O 形密封圈、主阀阀芯、主阀阀座、主阀弹簧组成。

③ 装配。将各零件用汽油清洗干净→先将锥阀阀座轻轻敲入孔内，装上密封垫圈和螺栓并紧固→将锥阀、调压弹簧、定位弹簧座串在一起放入先导阀体内→将调压手轮、锁紧螺母、固定螺母旋合在一起，然后旋入阀体→主阀上放入 O 形密封圈，主阀阀芯及阀孔上涂少许液压油，将主阀阀芯装入阀孔→将主弹簧放入先导阀座孔，然后将先导阀与主阀定位连接在一起，用内六角螺钉将阀紧固。

(4) 拆装流量阀（LF 型节流阀）

① 拆卸。松开锁紧螺母，旋出手轮及螺钉→松开并旋出螺盖→倒置取出阀芯→取下阀芯上的 O 形密封圈。

② 结构观察。LF 型节流阀主要由节流手轮及螺钉、锁紧螺母、螺盖、节流阀阀芯、O 形密封圈和阀体等组成。

③ 装配。用汽油将各零件清洗干净→将 O 形密封圈装在节流阀阀芯上→将节流阀阀芯涂液压油后放入阀孔内,装上螺盖并拧紧→将锁紧螺母装在节流手轮螺钉上,然后旋入螺盖内。

（5）注意事项

① 拆装换向阀时除确保密封元件的工作要可靠,弹簧弹力要合适之外,还要检查配合间隙:阀芯直径小于 20 mm 时,间隙为 0.008～0.015 mm;阀芯直径大于 20 mm 时,间隙为 0.015～0.025 mm。

② 拆装溢流阀时要注意:拆下的阀芯要去除毛刺及表面锈蚀;滑阀阻尼孔要清洗干净;弹簧软硬应合适,不可断裂或弯曲;液控口要加装螺塞并拧紧,以防止泄漏;密封件和结合处的纸垫位置要正确;各连接处的螺钉要牢固。

③ 拆装顺序阀时要注意滑阀与阀体的配合间隙。

④ 拆装顺序阀时要注意直动式减压阀的顶盖方向。

⑤ 零件按拆卸的先后顺序摆放。

⑥ 仔细观察各零件的结构及所在位置。

⑦ 切勿将零件表面,特别是阀体内孔、阀芯表面磕碰划伤。

⑧ 装配时注意给配合表面涂少许液压油。

4. 任务实施评价

认识液压控制元件的评价标准见表 4-5。

表 4-5　认识液压控制元件的评价标准

序号	技术要求	配分	评分建议	自检记录	交检记录	得分
1	识别并选用控制元件	20	识别错误一件,扣 5 分			
2	工具的选用及使用正确	10	选用不正确或操作不当,每次扣 5 分			
3	控制元件的拆卸方法正确、合理	30	每错一步扣 5 分			
4	控制元件的装配方法正确、合理	30	每错一步扣 5 分			
5	安全文明生产	10	违者每次扣 2 分,严重者扣 5～10 分			

任务四　认识液压辅助元件

1. 任务分析

对照图片、多媒体课件或实训现场实物,识别各种类型的液压辅助元件,并进行功能分析,工时定额 1 h。

2. 设备及工具介绍

（1）设备:液压实训台,各种类型的液压辅助元件实物,每种 3～4 台。

（2）工具:内六角扳手、耐油橡胶板、油盆及钳工常用工具。

3. 操作过程

（1）教师通过图片、多媒体课件或实训现场实物讲授任务相关的工作过程及操作安全规程，通过仿真软件演示仿真工作过程。

（2）学生分组完成液压辅助元件（如油箱、冷热交换器、油管、管接头、密封件、压力表及流量计、蓄能器、滤油器等）的识别、功能分析以及结构拆装。

4. 任务实施评价

认识液压辅助元件的评价标准见表4-6。

表4-6　认识液压辅助元件的评价标准

序号	技术要求	配分	评分建议	自检记录	交检记录	得分
1	识别并选用各辅助元件	40	识别错误一件，扣5分			
2	各辅助元件的安装方法正确、合理	50	每错一次扣5分			
3	工具的选用及使用正确	10	选用和使用不正确，每次扣5分			
4	安全文明生产	扣分	违者每次扣2分，严重者扣5～10分			

四、知识拓展

液压油、液压传动力学基础

液压油是液压传动系统中的传动介质，对液压装置的机构、零件起着润滑、冷却和防锈的作用。液压传动系统的压力、温度和流速的变化范围大，因此液压油的质量优劣直接影响液压传动系统的工作性能。合理地选用液压油是非常重要的，应从以下几个主要方面进行考虑。

1. 密度

单位体积液压油的质量称为液压油的密度，用 ρ 表示：

$$\rho = m/V \tag{4-28}$$

式中　ρ——液压油的密度，kg/m^3；

V——液压油的体积，m^3；

m——体积为 V 的液压油的质量，kg。

密度是液压油的一个重要物理参数，随着液压油温度和压力的变化，其密度也会发生变化，但这种变化量通常非常小，可以忽略不计。实际应用中可认为液压油密度不受温度和压力变化的影响。一般矿物油的密度为 $850\sim950\,kg/m^3$。

2. 体积压缩系数 β

液压油因所受压力增大而体积缩小的性质称为液压油的可压缩性。

体积压缩系数 $\beta = -\Delta V/\Delta p V$。

$$\tag{4-29}$$

体积弹性模量 $K = 1/\beta$。

3. 液压油的黏性

液压油在外力作用下流动时,由于液体分子间的内聚力而产生一种阻碍液体分子之间进行相对运动的内摩擦力,液压油的这种产生内摩擦力的性质称为液压油的黏性。黏性表征了液压油抵抗剪切变形的能力。

(1) 黏性的物理意义

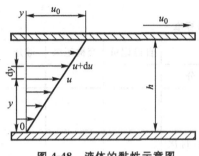

图 4-48   液体的黏性示意图

黏性的大小可用黏度来衡量,黏度是选择液压油的主要指标。

当液压油流动时,由于液压油与固体壁面的附着力及其本身的黏性使液压油内各处的速度大小不等。以液压油在平行平板间的流动情况为例,设上平板以速度 u_0 向右运动,下平板固定不动,如图 4-48 所示。紧贴上平板的液压油粘附上平板,其速度与上平板相同。紧贴下平板的液压油粘附下平板,其速度为零。中间液压油的速度按线性分布。

实验结果表明,相邻液层间的内摩擦力 F 与液层的接触面积 S 及液层间的相对流速 du 成正比,而与液层间的距离 dy 成反比,即

$$F = \mu S\,du/dy \tag{4-30}$$

以 $\tau = F/S$ 表示切应力,则有

$$\tau = \mu\,du/dy \tag{4-31}$$

式中　　μ——衡量液压油黏性的比例系数,称为绝对黏度或动力黏度;

du/dy——液压油层间速度差异的程度,称为速度梯度。

式(4-31)是液体内摩擦定律的数学表达式。

(2) 黏度

液压油黏性的大小用黏度来表示。常用的黏度有三种:绝对黏度、运动黏度和相对黏度。

① 绝对黏度 μ。绝对黏度又称动力黏度,它直接表示流体的黏性,即内摩擦力的大小。动力黏度 μ 在物理意义上,是当速度梯度 $du/dy = 1$ 时,单位面积上的内摩擦力的大小,即

$$\mu = \frac{\tau}{du/dy} \tag{4-32}$$

动力黏度的国际制单位符号为 $N \cdot s/m^2$ 或 $Pa \cdot s$。

② 运动黏度 ν

运动黏度是绝对黏度 μ 与密度 ρ 的比值:

$$\nu = \mu/\rho \tag{4-33}$$

式中 ν——液体的运动黏度，m^2/s；

ρ——液体的密度，kg/m^3。

运动黏度的国际制单位符号为 m^2/s，曾使用过 CGS 制单位——斯(托克斯，St)，实际上常用 1 厘斯来表示，符号为 cSt，其转换关系如下：

$$1\ cSt = 10^{-2}\ St = 10^{-6}\ mm^2/s$$

运动黏度 ν 无物理意义，因为其单位中只有长度和时间的量纲，类似于运动学的物理量，故称为运动黏度。它是实际工程中常用的一个物理量。国际标准化组织(ISO)规定，各类液压油的牌号是按其在一定温度下运动黏度的平均值来标定的。例如，牌号为 L-HL32 的液压油就是指这种油在温度为 40 ℃时，运动黏度的平均值为 32 mm^2/s。

③ 相对黏度

相对黏度又称为条件黏度，它是采用特定的黏度计在规定的条件下测出来的液体黏度。条件不同，测量出来的相对黏度也不一样。各国采用的相对黏度单位有所不同。例如，我国及德国、俄罗斯采用恩氏黏度(°E)，美国采用国际赛氏黏度(SSU)，英国采用商用雷氏黏度(RS)。

(3) 温度对黏度的影响

黏度对温度的变化十分敏感，当温度升高时，液体分子间的内聚力减小，其黏度降低，这一特性称为黏温特性。液体的黏温特性常用黏度指数 VI 来度量。黏度指数高，说明黏度随温度的变化小，其黏温特性好。

(4) 压力对黏度的影响

当液体所受的压力增大时，分子之间的距离将减小，内聚力增大，其黏度也随之增大。但对于一般的液压油而言，当压力在 32 MPa 以下时，压力对黏度的影响很小，可以忽略不计。

五、思考与练习

(一) 填空题

1. 常用的液压泵有_____、_____和_____三大类。

2. 齿轮泵泄漏一般有三个途径，它们是_____泄漏，_____间隙泄漏及_____间隙泄漏，其中以_____间隙泄漏最严重。

3. 为了消除齿轮泵的困油现象，通常在两侧盖板上开_____，使封闭容腔由大变小时与_____腔相通，封闭容腔由小变大时与_____腔相通。

4. 直轴式轴向柱塞泵，若改变_____，就能改变泵的排量，若改变_____，就能改变泵的吸、压油方向，因此它是一种双向变量泵。

5. 液压缸按结构特点不同，可分为_____、_____和_____三大类。

6. 液压传动系统中混入空气后会使其工作不稳定，产生_____、_____及_____等现象，因此，液压传动系统中必须设置排气装置。常用的排气装置有_____和_____。

7. 液压控制元件按用途的不同可分为_____、_____和_____三大类，分别控制、调节液压传动系统中液压油的_____、_____和_____。

8. 换向阀的作用是利用_____使油路_____、_____或_____。

9. 按阀芯运动的操纵方式的不同,换向阀可分为_____、_____、_____、_____换向阀;按阀芯可变位置数的不同,可分为_____、_____、_____换向阀;按油路进出口数目的不同,又可分为_____、_____、_____、_____等。

10. 电-液动换向阀是由_____和_____组成的。前者的作用是_____,后者的作用是_____。

(二) 判断题

1. 液压泵的工作压力取决于液压泵额定压力的大小。（　　）

2. 容积式液压泵输油量的大小取决于密封容积的大小。（　　）

3. 单作用式叶片泵只要改变转子中心与定子中心间的偏心距和偏心方向,就能改变输出流量的大小和输油方向,成为双向变量液压泵。（　　）

4. 液压泵在额定压力下的流量就是泵的最大流量。（　　）

5. 液压传动系统中,作用在活塞上的推力越大,活塞运动的速度越快。（　　）

6. 液压传动系统中某处有几个负载并联时,压力的大小取决于克服负载的各个压力值中的最小值。（　　）

7. 单向阀的作用是控制油液的流动方向,接通或关闭油路。（　　）

8. 如果溢流阀用作限压保护、防止过载的安全阀,在系统正常工作时,该阀处于闭合状态。（　　）

9. 使用可调节流阀进行调速时,执行元件的运动速度不受负载变化的影响。（　　）

10. 当压力继电器进油口压力达到其开启压力,接通某一电路时,若因漏油使压力下降到其闭合压力时,可使该电路断开而停止工作。（　　）

(三) 选择题

1. 不能成为双向变量液压泵的是(　　)。

    A. 双作用式叶片泵　　　　　　　　B. 单作用式叶片泵

    C. 轴向柱塞泵　　　　　　　　　　D. 径向柱塞泵

2. 由于液压马达工作时存在泄漏,因此,液压马达的理论流量(　　)其输入流量。

    A. 大于　　　　　　　　　　　　　B. 小于

    C. 等于　　　　　　　　　　　　　D. 都可以

3. 液压泵进口处的压力称为(　　);泵的实际工作压力称为(　　);泵在连续运转时允许使用的最高工作压力称为(　　);泵短时间内超载所允许的极限压力称为(　　)。

    A. 工作压力　　　　　　　　　　　B. 最大压力

    C. 额定压力　　　　　　　　　　　D. 吸入压力

4. 活塞(或液压缸)的有效作用面积一定时,活塞(或液压缸)的运动速度取决于(　　)。

    A. 液压缸中油液的压力　　　　　　B. 负载阻力的大小

    C. 进入液压缸的油液流量　　　　　D. 液压泵的输出流量

5. 对于差动连接的单杆活塞缸,欲使活塞往复运动速度相同,必须满足(　　)。

 A. 活塞直径为活塞杆直径的 2 倍

 B. 活塞直径为活塞杆直径的 $\sqrt{2}$ 倍

 C. 活塞有效作用面积为活塞杆面积的 $\sqrt{2}$ 倍

 D. 活塞有效作用面积比活塞杆面积大 2 倍

(四) 简答题

1. 液压泵要实现吸油和压油,必须具备什么条件?

2. 双作用式叶片泵与单作用式叶片泵在结构和工作原理方面有何异同?

3. 什么是液压泵的排量、流量、理论流量、实际流量和额定流量? 它们之间有什么关系?

4. 液压缸有哪些类型? 它们的工作特点是什么?

5. 如果要使机床的往复运动速度相同,应采用什么类型的液压缸?

6. 先导式溢流阀由哪几部分组成? 各起什么作用? 与直动式溢流阀相比,先导式溢流阀有什么优点?

(五) 画图题

画出下列各种方向控制阀的图形符号:

(1) 二位三通交流电磁换向阀;

(2) 二位二通行程阀(动合);

(3) 二位四通电磁换向阀;

(4) 三位四通 M 型手动换向阀(定位式);

(5) 三位五通 Y 型电磁换向阀;

(6) 三位四通 H 型液动阀;

(7) 三位四通 P 型电-液动换向阀;

(8) 液控单向阀。

项目五　组建与调试液压传动基本回路

一、项目介绍

　　一台设备的液压传动系统不论是复杂还是简单,都是由一些基本回路组成的。所谓液压传动基本回路,就是由一些液压传动元件组成的、完成特定功能的油路结构。熟悉和掌握几种常用的基本回路是分析液压传动系统的基础。

　　本项目的主要任务有组建与调试方向控制回路、组建与调试速度控制回路、组建与调试压力控制回路、组建与调试其他常用基本回路、组建与调试液压伺服系统。通过操作训练,学会组建与调试液压传动基本回路。

（a）外形图

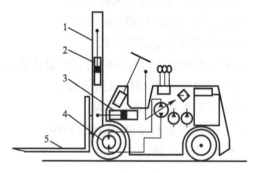

（b）结构示意图

1—门架；2—起伸液压缸；3—倾斜液压缸；4—行走液压马达；5—货叉。

图 5-1　叉车

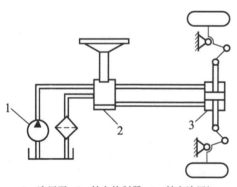

1—液压泵；2—转向控制器；3—转向液压缸。

图 5-2　叉车转向工作原理示意图

　　叉车是一种由自行轮式底盘和工作装置组成的装卸搬运车辆。其外形图和结构示意图如图 5-1 所示。叉车的货叉起升、门架倾斜和转向几乎均采用液压传动,而行走系统主要有机械传动和液压传动两种方式。行走系统采用液压传动的叉车被称为全液压叉车或静压传动叉车,由变量泵、液压马达构成闭式回路。

　　叉车采用前轮驱动,后轮转向。图 5-2 所示为叉车转向工作原理示意图。转向系统主要由液压泵、转向控制器和转向液压缸等组成。通过转向控制器控制转向液压缸的动作,从而控制叉车后轮的转向。

图 5-3 所示为叉车工作及转向液压传动系统原理图。叉车的工作装置完成货叉的起升和门架倾斜操作,两动作均独立操作完成,互不影响;转向装置则完成叉车行走的转向操作。液压泵 1、2 分别向工作装置和转向装置供油,两个液压传动系统的油路互不影响。

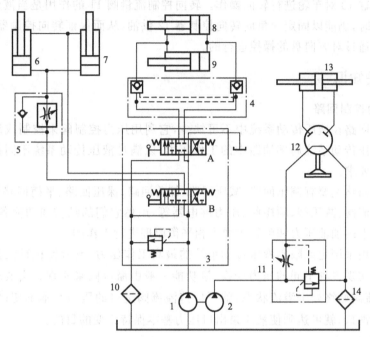

1、2—液压泵；3—多路换向阀；4—液压锁；5—单向调速阀；6、7—起升液压缸；8、9—倾斜液压缸；
10、14—滤油器；11—转向控制流量阀；12—转向控制器；13—转向液压缸。

图 5-3　叉车工作及转向液压传动系统原理图

叉车的几种工作情况如下:

(1) 工作装置待机状态

当多路换向阀 3 的起升阀 A 和 B 均处于中位时,液压泵 1 的出油直接回油箱,系统卸荷,工作装置处于待机状态,不能进行货叉起升和门架倾斜操作。

(2) 工作装置起升操作

工作装置起升操作是通过控制两个并联的起升液压缸 6 和 7 的伸、缩来完成货叉的升降运动。操作多路换向阀的起升阀 B 在右位工作时,液压泵 1 的出油经起升阀 B 后,再通过单向调速阀 5 中的单向阀进入起升液压缸 6、7 的无杆腔,起升液压缸 6、7 同步外伸,从而带动货叉升起。

(3) 工作装置倾斜操作

本操作是通过控制两个并联的倾斜液压缸 8 和 9 的伸、缩来完成门架的倾斜运动。操作多路换向阀的起升阀 A 处于左位时,液压泵 1 的出油经起升阀 A 后,再通过液控单向阀进入倾斜液压缸 8、9 的无杆腔,倾斜液压缸 8、9 同步外伸,从而带动门架前倾。

操作多路换向阀的起升阀 A 处于右位时,液压泵 1 的出油经起升阀 A 后,再通过液控单向阀进入倾斜液压缸 8、9 的有杆腔,倾斜液压缸 8、9 同步缩回,从而带动门架后倾。这时,由两个液控单向阀组成的液压锁 4 可使门架倾角在较长时间内保持不变,以保证安全。

（4）转向装置转向操作

转向装置由液压泵 2 供油。液压泵 2 的出油经转向控制流量阀 11 后,由转向控制器 12 控制转向液压缸 13 对车轮进行转向操作。转向控制流量阀 11 的作用是当液压泵 2 的转速随发动机变化时,仍能以固定流量向转向控制器 12 供油,从而保证转向控制器操作的稳定。转向控制器是通过对方向盘的操控进行的。

▶ 二、相关知识

（一）压力控制回路

压力控制回路在液压传动系统中不可缺少,它利用压力控制阀来控制或调节整个液压传动系统或液压传动系统局部油路中的工作压力,以满足液压传动系统不同执行元件对工作压力的不同要求。

压力控制回路主要有调压回路、减压回路、卸荷回路、保压回路、平衡回路等。常用的压力控制阀有溢流阀、减压阀、顺序阀、压力继电器等,虽然它们的结构和功能各异,但都是利用作用在阀芯上的油液压力和弹簧的弹力相平衡原理进行工作的。

调压回路用来调定或限制液压传动系统的最高工作压力,或者使执行元件在工作过程的不同阶段能实现多种不同的压力变换,该功能一般由溢流阀来实现。当液压传动系统工作时,如果溢流阀始终处于溢流状态,就可保持溢流阀进口的压力基本不变;如果将溢流阀并接于泵的出油口,就可达到使液压泵出口压力基本保持不变的目的。

1. 单级调压回路

单级调压回路中使用的溢流阀可以是直动式或先导式。图 5-4a 所示的回路由定量泵 1、溢流阀 2、换向阀 5、节流阀 3、液压缸 4 等组成。调节节流阀的开口可调节进入执行元件的流量,而定量泵多余的油液则从溢流阀流回油箱。在此工作过程中,溢流阀阀口常开,起溢流稳压作用。定量泵的工作压力取决于溢流阀的调整压力,基本保持恒定。图 5-4b 所示的

动画

单级调压回路

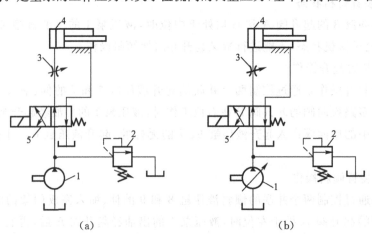

(a)　　　　　　　　(b)

1—泵；2—溢流阀；3—节流阀；4—液压缸；5—二位四通电磁阀。

图 5-4　单级调压回路

回路由变量泵 1、溢流阀 2、换向阀 5、节流阀 3、液压缸 4 等组成。由变量泵输出液压缸所需的油液,并进入液压缸的左腔,活塞向右运动。此时,液压传动系统中的压力由液压缸上的负载决定,溢流阀 2 阀口关闭;当系统超载,系统压力升高到溢流阀 2 的调整压力时,阀口打开,压力油经阀口返回油箱,从而限定系统的最高工作压力,以保证液压传动系统的安全,起过载保护作用。此时的溢流阀也可称为安全阀。

溢流阀在液压传动系统中的应用见表 5-1。

表 5-1　溢流阀在液压传动系统中的应用

用　途	油　路	说　明
溢流阀		用在定量泵系统中,将系统中多余油液溢流回油箱。液压泵出口压力取决于溢流阀的调定压力。并能控制系统的最高压力
安全阀		用在变量泵系统中,正常时泵不溢流,当系统压力超过溢流阀调定压力时,阀才打开溢流。限定系统最高压力,防止系统过载,起安全保护作用
卸荷阀		先导式溢流阀远程控制口接油箱时,阀打开溢流。泵出口油压很低,泵的全部油液经溢流阀流回油箱,泵处于低压运行状态,即卸荷状态
背压阀		将溢流阀安装在系统回油路上,使回油形成阻力,即背压,从而改善执行元件的运动平稳性
远程调压阀		将远程调压阀接到先导式溢流阀远程控制口上,泵的出口压力由远程调压阀调节,油液从主溢流阀溢流

2. 减压回路

减压回路的功能是使系统某一支路上具有低于系统压力的稳定工作压力。减压阀是减压回路中常见的一种阀,减压阀主要用来使液压传动系统某一支路获得比液压泵供油压力低的稳定压力。减压阀有直动式和先导式之分,先导式减压阀的应用较多。减压阀在各种液压设备的夹紧系统、润滑系统和控制系统中应用得较多,如在机床的工件夹紧系统、导轨润滑系统及液压传动系统的控制油路中常需用减压回路。

最常见的减压回路是在需要低压的分支路上串接一个定值输出减压阀,如图 5-5a 所示。当主油路压力由于某种原因低于减压阀 2 的调定值时,单向阀 3 能确保液压缸 4 的压力不受干扰,起到液压缸 4 短时保压的作用。

图 5-5b 所示为二级减压回路。在减压阀 2 的远控口上接入调压阀 3,当二位二通换向阀 5 处于图中的位置时,液压缸 4 的压力由减压阀 2 的调定压力决定;当二位二通换向阀 5 处于右位时,液压缸 4 的压力由调压阀 3 的调定压力决定。调压阀 3 的调定压力必须低于减压阀 2,液压泵的最大工作压力由溢流阀 1 调定。减压回路也可以采用比例减压阀来实现无级减压。

动画

二级减压回路

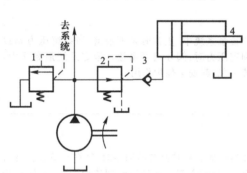

1—溢流阀;2—减压阀;3—单向阀;4—液压缸。

（a）常见减压回路

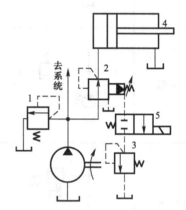

1—溢流阀;2—减压阀;3—调压阀;4—液压缸;
5—二位二通换向阀。

（b）二级减压回路

图 5-5 减压回路

要使减压阀稳定工作,其最低调定压力应高于 0.5 MPa,最高调定压力应至少比系统压力低 0.5 MPa。由于减压阀工作时存在阀口压力损失和泄漏口的容积损失,故这种回路不宜在压力需要降低很多或流量较大的场合使用。

减压阀与溢流阀相比,主要特点有:控制阀口开闭的油液来自出油口,并能使出油口压力恒定,阀口常开,泄油单独接入油箱。先导式溢流阀与先导式减压阀的主要区别见表 5-2。减压阀在液压传动系统中的应用见表 5-3。

表 5-2 先导式溢流阀与先导式减压阀的主要区别

区　别	先导式溢流阀	先导式减压阀
控制油口压力	进油口压力恒定	出油口压力恒定
阀口	动断	动合

续 表

区 别	先导式溢流阀	先导式减压阀
泄油口	内泄油口	外泄油口
图形符号	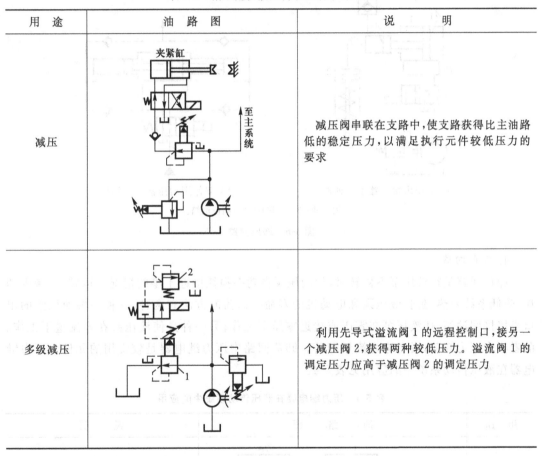	

表 5-3 减压阀在液压传动系统中的应用

用 途	油 路 图	说 明
减压		减压阀串联在支路中,使支路获得比主油路低的稳定压力,以满足执行元件较低压力的要求
多级减压		利用先导式溢流阀1的远程控制口,接另一个减压阀2,获得两种较低压力。溢流阀1的调定压力应高于减压阀2的调定压力

3. 增压回路

目前,国内外常规液压传动系统的最高压力等级只能达到 32～40 MPa,当液压传动系统需要更高压力等级的油源时,可以通过增压回路实现这一要求。增压回路用来使系统中某一支路获得压力比系统压力更高的油源。增压回路中实现油液压力放大的主要元件是增压器。增压器的增压比取决于增压器中大、小活塞的面积之比。在液压传动系统中的超高压支路采用增压回路可以节省动力源,且增压器的工作可靠,噪声相对较小。

（1）单作用增压器增压回路

图 5-6a 所示为单作用增压器增压回路,它适用于单作用力大、行程小、工作时间短的场合,如制动器、离合器等。换向阀处于右位时,增压器 1 输出压力为 $p_2 = p_1 A_1 / A_2$ 的压力油,进入工作缸 2;当换向阀处于左位时,工作缸 2 靠弹簧力回程,高位油箱 3 经单向阀向增压器 1 右腔补油,采用这种增压方式的液压缸不能获得连续稳定的高压油源。

（2）双作用增压器增压回路

图 5-6b 所示为双作用增压器增压回路,电磁换向阀反复换向,使增压缸活塞往复运动,其两端交替输出高压油,从而实现连续增压。

动画

单作用增压
器增压回路

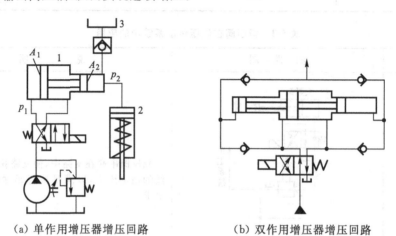

（a）单作用增压器增压回路   （b）双作用增压器增压回路

1—增压器；2—工作缸；3—高位油箱。

图 5-6   增压回路

4. 卸荷回路

卸荷回路是在液压泵不停转时,使液压泵在功率损耗接近于零的情况下运转,以减少功耗,降低系统发热,延长液压泵和电动机的寿命。卸荷的方法有两种,一种是将液压泵的出口直接接回油箱,使液压泵在零压或接近零压下工作;另一种是使液压泵在零流量下工作。前者称为压力卸荷,后者称为流量卸荷。卸荷回路中压力继电器是较常用的元件。压力继电器在液压传动系统中的应用见表 5-4。

表 5-4   压力继电器在液压传动系统中的应用

用 途	油 路 图	说 明
控制执行元件,实现顺序动作		当电磁铁 1YA 通电时,液压缸 1A 左腔进油,推动活塞右移伸出。液压缸 1A 完全伸出后,无杆腔压力上升,压力继电器发出信号,控制电磁铁 2YA 得电,液压缸 2A 活塞伸出。这样实现了两活塞在压力控制下的顺序动作

用　途	油　路　图	说　明
保护设备的安全		如果 1A 是用于工件夹紧的,只要夹紧压力不够,就无法使压力继电器产生输出,带动刀具进行切割的液压缸 2A 也就停止进刀,防止因工件未加紧而发生事故
实现系统的保压		利用压力继电器监测液压缸左腔的压力。当压力上升到压力继电器的设定值时,切断 1YA,换向阀处于中位,泵卸荷,系统保压;当压力下降到设定值时,压力继电器再使 1YA 通电,液压泵向液压缸左腔压油。这样压力继电器就可以实现液压缸左腔长时间保压
控制液压泵的启停		在双泵供油的系统中,当空载低压快进时,高低压油泵同时供油;开始加工时,压力上升,压力继电器发出信号关闭低压泵,减少进入液压传动系统的流量,从而降低工件加工时液压缸的速度和功率损耗
实现液压泵的卸荷		当压力达到压力继电器调定值后,压力继电器可使二位二通电磁换向阀的电磁铁得电,对液压泵进行卸荷

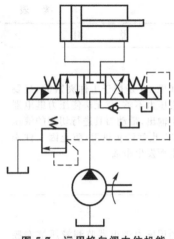

**图 5-7　运用换向阀中位机能
的卸荷回路**

在定量泵系统中,利用三位换向阀 M、H、K 型等中位机能的结构特点,可以实现泵的压力卸荷。图 5-7 所示为运用换向阀中位机能的卸荷回路。这种卸荷回路的结构简单,但当压力较高、流量较大时易产生冲击,一般用于低压、小流量场合。当流量较大时,可用液动或电-液动换向阀来卸荷,但应在其回油路中安装一个单向阀(用作背压阀),使回路在卸荷状况下,能够保持 0.3～0.5 MPa 的控制压力,实现卸荷状态下对电-液动换向阀的操纵。但这样会导致系统损失功率。

5. 保压回路

液压缸在工作循环的某一阶段,如果需要保持一定的工作压力,就应采用保压回路。在保压阶段,液压缸没有运动,最简单的方法是用一个密封性能好的单向阀来保压。但是,这种办法保压的时间短,压力稳定性不高,主要原因是此时液压泵处于卸荷状态或在给其他的液压缸供应一定压力的液压油。为了补偿保压缸的泄漏和保持工作压力,可在回路中设置蓄能器。

6. 平衡回路

平衡回路的功能在于使液压执行元件的回油路中始终保持一定的背压力,以平衡重力负载,使之不会因自重作用而自行下滑,从而实现液压传动系统对机床设备动作的平稳性、可靠性控制。

(1)采用单向顺序阀的平衡回路

图 5-8a 所示为采用单向顺序阀的平衡回路,使其开启压力与液压缸下腔作用面积的乘积稍大于垂直运动部件的重力。当活塞下行时,由于回油路中存在一定的背压来支承重力

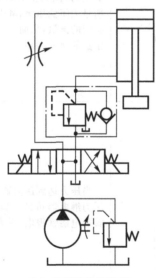

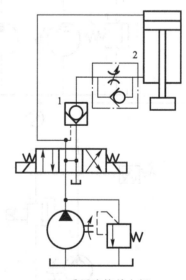

(a)采用单向顺序阀　　　　　(b)采用液控单向阀

图 5-8　平衡回路

负载,所以只有在活塞的上部具有一定压力时活塞才会平稳下落;当换向阀处于中位时,活塞停止运动,不再继续下行。此处的顺序阀又称作平衡阀。在这种平衡回路中,调整顺序阀的调定压力后,若工作负载变小,系统的功率损失将增大。由于滑阀结构的顺序阀和换向阀存在泄漏,活塞不可能长时间停留在任意位置,故这种回路适用于工作负载固定且活塞停止位置要求不高的场合。

（2）采用液控单向阀的平衡回路

如图 5-8b 所示,由于液控单向阀是锥面密封,泄漏量小,故其闭锁性能好,活塞能够较长时间停止不动。回油路中串联单向节流阀2,用于保证活塞下行运动的平稳。假如回油路中没有节流阀,在活塞下行时,液控单向阀1被进油路中的控制油打开,回油腔没有背压,运动部件由于自重而加速下降,造成液压缸上腔供油不足,液控单向阀1因控制油路失压而关闭。阀1关闭后,控制油路压力增大,阀1再次被打开。液控单向阀时开时闭,使活塞在向下运动过程中产生振动和冲击。

顺序阀的应用见表 5-5。

动画

采用液控单向阀的平衡回路

表 5-5　顺序阀的应用

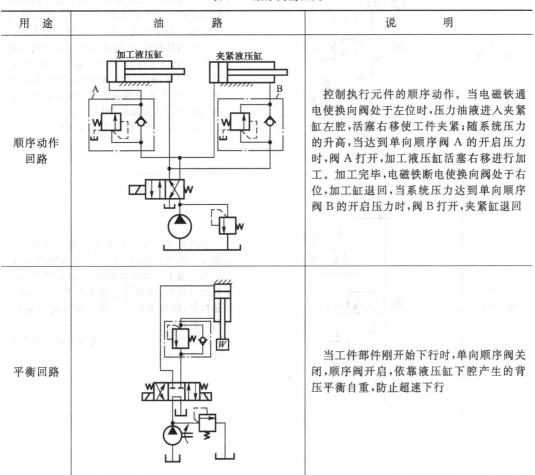

用　途	油　　路	说　　明
顺序动作回路		控制执行元件的顺序动作。当电磁铁通电使换向阀处于左位时,压力油液进入夹紧缸左腔,活塞右移使工件夹紧;随系统压力的升高,当达到单向顺序阀 A 的开启压力时,阀 A 打开,加工液压缸活塞右移进行加工。加工完毕,电磁铁断电使换向阀处于右位,加工缸退回,当系统压力达到单向顺序阀 B 的开启压力时,阀 B 打开,夹紧缸退回
平衡回路		当工件部件刚开始下行时,单向顺序阀关闭,顺序阀开启,依靠液压缸下腔产生的背压平衡自重,防止超速下行

（二）速度控制回路

液压传动系统中能控制执行元件运动速度的回路称为速度控制回路。速度控制回路的核心元件是流量控制阀。流量控制阀通过改变阀口通流面积来调节输出流量，从而控制执行元件的运动速度。液压传动系统中，流量控制阀主要有节流阀和调速阀。

液压节流阀常用于定量泵液压传动系统中，用来调节进入执行元件的流量，从而控制执行元件的运动速度。根据节流阀在回路中安装位置的不同，节流调速回路分为进油节流调速、回油节流调速及旁路节流调速三种回路。三种节流调速回路的调速特点见表 5-6。

表 5-6　三种节流调速回路的调速特点

回路名称	回路图	特点及应用
进油节流调速回路		节流阀串联在执行元件的进油路上。通过调节节流阀开度的大小，控制进入液压缸油液的流量，液压泵中的多余油液经溢流阀流回油箱。液压缸左腔油压的大小由作用于活塞上的负载大小决定，右腔油压为零。 该回路结构简单，使用方便。速度受负载变化影响大，速度稳定性差；因回油无压力，当负载突然减小时活塞前冲，运动平稳性差；有较大节流及溢流损失，经节流阀后发热的油液流入液压缸，泄漏大。 用于功率较小、负载变化不大的场合
回油节流调速回路		节流阀串联在回油路上。通过调节节流阀开度的大小控制流出液压缸油液的流量。 与进油节流调速回路相比，该回路有两个突出的优点：回油路有较大的背压，运动平稳性好；经节流阀后发热的油液流回油箱，利于散热。 用于功率不大、负载变化较大或运动平稳性要求较高的场合

动画

进油节流调速回路

动画

回油节流调速回路

续　表

动画

旁油路节流
调速回路

回路名称	回路图	特点及应用
旁路节流调速回路	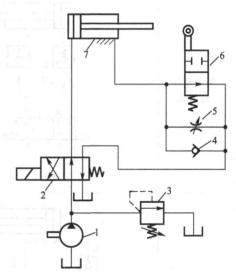	节流阀并联在旁油路上。节流阀出口油箱，通过调节节流阀的开度控制液压泵流回油箱的流量，间接地控制了进入液压缸油液的流量。节流阀起到了溢流的作用，溢流阀起到了安全阀的作用。液压泵出口压力等于液压缸进油腔的压力，直接随负载的变化而变化。 有一定的节流损失，无溢流损失，发热小，效率较高。 用于负载较大、速度较高、平稳性要求不高的场合

　　调速阀是由定差减压阀和节流阀串联而成的组合阀。减压阀用来保证节流阀前后压差不随负载变化，使通过节流阀的流量稳定。在使用节流阀的节流调速回路中，用调速阀代替节流阀，其调速性能明显提高。采用调速阀的节流调速回路，可用于速度较高、负载较大且负载变化较大的液压传动系统中。

　　在机床的液压传动系统中通常采用行程阀来实现快速与慢速的换接，如图 5-9 所示。在图 5-9 所示的状态下，液压缸 7 快进，当活塞所连接的挡块压下行程阀 6 时，行程阀关闭，液压缸右腔的油必须通过节流阀 5 才能流回油箱，活塞的运动转变为慢速工进；当换向阀 2 左位接入回路时，压力油经单向阀 4 进入液压缸右腔，活塞快速向右返回。这种回路的快、慢速换接过程比较平稳，换接点的位置比较准确；缺点是行程阀的安装位置不能任意布置，管路连接较为复杂。若将行程阀改为电磁阀，安装和连接比较方便，但速度换接的平稳性、可靠性及换向精度都较差。

动画

采用行程阀
控制的速度
换接回路

（三）方向控制回路

　　方向控制回路的作用是利用方向控制阀控制油路中液流的接通、切断或改变流向，以使执行元件启动、停止或变换运动方向，主要包括换向回路和锁紧回路。方向控制回路的核心是方向控制阀。方向控制阀分为单向阀和换向阀两类。

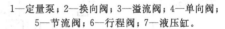

1—定量泵；2—换向阀；3—溢流阀；4—单向阀；
5—节流阀；6—行程阀；7—液压缸。

图 5-9　采用行程阀的速度换接回路

　　对单向阀的性能要求有：油液正向通过单向阀时，阻力小；反向截止时密封性好，油液不能通过且无泄漏,阀芯动作灵敏,工作时无撞击和噪声。若将弹簧换为硬弹簧,则可将其作为背压阀使用。

液控单向阀具有良好的单向密封性,常用于执行元件需要长时间保压、锁紧的情况下,也常用于速度换接回路中及防止立式液压缸停止运动时因自重而下滑的场合。液控单向阀的主要应用见表 5-7。

表 5-7　液控单向阀的主要应用

作　用	图　形	说　明
保持压力		由于滑阀式换向阀有间隙泄漏现象,故当与液压缸相通的 A、B 油口封闭时,液压缸只能短时间保持腔内的压力。当有保压要求时,可加上一个液控单向阀,利用其关闭的严密性,使液压缸能在更长的时间里保持压力
实现液压缸锁紧		当换向阀处于中位时,两个液控单向阀关闭,严密封闭液压缸两腔的油液,液压缸活塞不会因外力而产生移动,从而实现比较精确的定位
大流量排油		如果两个液压缸的有效作用面积相差较大,当活塞退回时,液压缸无杆腔的排油流量会骤然增大,此时可能会产生较强的节流作用,而限制了活塞的返回速度。如加一个液控单向阀,在液压缸活塞返回时,控制压力将液控单向阀打开,使左腔油液顺利排出。此时液控单向阀类似于气动回路中的快排阀

续 表

作 用	图 形	说 明
用作充油阀	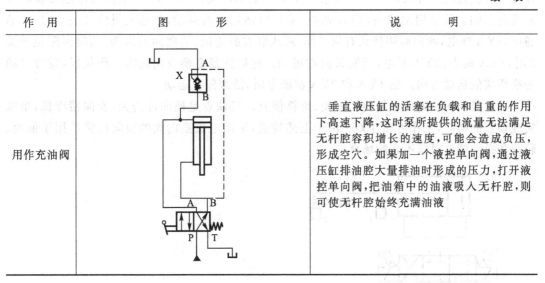	垂直液压缸的活塞在负载和自重的作用下高速下降,这时泵所提供的流量无法满足无杆腔容积增长的速度,可能会造成负压,形成空穴。如果加一个液控单向阀,通过液压缸排油腔大量排油时形成的压力,打开液控单向阀,把油箱中的油液吸入无杆腔,则可使无杆腔始终充满油液

换向阀是通过改变阀芯与阀体的相对位置,切断或变换油液流向,从而实现对执行元件方向的控制。换向阀阀芯的结构形式有:滑阀式、转阀式、锥阀式等,其中滑阀式最常用。

按阀芯的可变位置数目换向阀可分为二位和三位,通常用一个方框符号代表一个位置。按主油路进、出油口的数目又可分为二通、三通、四通、五通等,通常在相应位置的方框内表示油口的数目及通道的方向,如图 5-10 所示。其中,箭头表示通路,一般情况下表示液流方向,"⊤"和"⊥"与方框的交点表示通路被阀芯堵死。

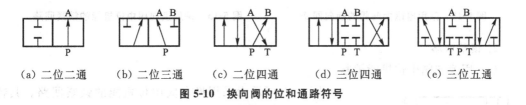

(a) 二位二通   (b) 二位三通   (c) 二位四通   (d) 三位四通   (e) 三位五通

图 5-10 换向阀的位和通路符号

根据改变阀芯位置的操纵方式不同,换向阀可以分为手动、机动、电磁、液动和电-液动等,符号如图 5-11 所示。

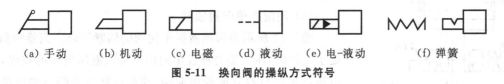

(a) 手动   (b) 机动   (c) 电磁   (d) 液动   (e) 电-液动   (f) 弹簧

图 5-11 换向阀的操纵方式符号

1. 换向回路

换向回路用于控制液压传动系统中的油液流向,从而改变执行元件的运动方向。为此,要求换向回路具有较高的换向精度、换向灵敏度和换向平稳性。运动部件的换向多采用电磁换向阀来实现;在容积调速的闭式回路中,通过变量泵控制油液的流向来实现液压缸换向。

采用二位四通、三位四通(或五通)电磁换向阀是应用最普遍的换向方法,尤其在自动化程度要求较高的组合机床液压传动系统中应用更为广泛。图 5-12 所示为采用电磁换向阀的换向回路。按下启动按钮,1YA 通电,液压缸活塞向右运动,当碰上限位开关 2 时,2YA 通电,1YA 断电,换向阀切换到右位工作,液压缸右腔进油,活塞向左运动,当碰到限位开关 1 时,1YA 通电,2YA 断电,活塞又向右运动。这样往复变换换向阀的工作位置,就可自动变换活塞的运动方向。当 1YA 和 2YA 都断电时,活塞停止运动。

这种换向回路的优点是使用方便、价格便宜。其缺点是换向冲击大,换向精度低,难以实现频繁的换向,工作可靠性差。由于上述特点,采用电磁换向阀的换向回路适用于低速、轻载和换向精度要求不高的场合。

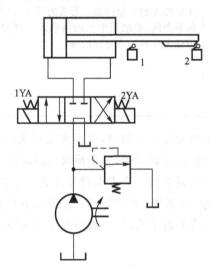

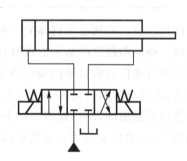

图 5-12　采用电磁换向阀的换向回路　　　　图 5-13　采用换向阀中位机能的锁紧回路

2. 锁紧回路

(1) 用换向阀中位机能锁紧

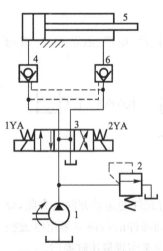

图 5-13 所示为采用换向阀中位机能的锁紧回路。其特点是结构简单,不需增加其他装置,但由于滑阀环形间隙泄漏较大,故其锁紧效果不太理想,一般只用于锁紧要求不太高或只需短暂锁紧的场合。

(2) 用液控单向阀锁紧

图 5-14 所示为采用液控单向阀的锁紧回路。当换向阀 3 处于左位时,压力油经液控单向阀 4 进入液压缸 5 的左腔,同时通过控制口打开液控单向阀,使液压缸右腔的回油可经液控单向阀 6 及换向阀流回油箱,活塞向右运动;反之,活塞向左运动。液压缸需要停留时,只要使换向阀处于中位即可,因阀的中位为 H 型机能,所以两个液控单向阀均关闭,液压缸双向锁紧。由于液控单向阀的密封性好,故液压缸锁紧可靠,其锁紧精度主要取决于液压缸的泄漏。这种回路被广泛应用

图 5-14　采用液控单向阀的锁紧回路

于工程机械、起重运输机械等有较高锁紧要求的场合。

（四）其他常用控制回路

在许多情况下机器设备的运动动作复杂多变,往往需要多个运动部件的相互协调、配合与联动才能完成,这些机器设备中的液压传动系统需要多个相互联系的液压执行元件才能满足上述要求。在一个液压传动系统中,如果由一个油源给多个执行元件供油,各执行元件会因回路中压力、流量的不同而相互影响。可以通过控制压力、流量、行程来实现多执行元件的预定动作。在多缸液压传动系统中,往往要求各液压缸之间按一定的顺序运动,或者要求各缸动作互不干扰,这时可相应地采用顺序动作回路、同步回路和互不干扰回路。

1. 顺序动作回路

顺序动作回路的作用是使几个执行元件严格按照预定的顺序依次动作。按控制方式不同,顺序动作回路分为压力控制和行程控制两种。

（1）压力控制顺序动作回路

如图 5-15 所示,按启动按钮,电磁铁 1YA 得电,液压缸 1 的活塞前进到右端后(完成动作①),回路压力升高,压力继电器 1KP 动作,使电磁铁 3YA 得电,液压缸 2 活塞前进(完成动作②)。按返回按钮,3YA 失电,4YA 得电,液压缸 2 的活塞退回原位后(完成动作③),回路压力升高,压力继电器 2KP 动作,使 2YA 得电、1YA 失电,液压缸 1 的活塞后退(完成动作④)。

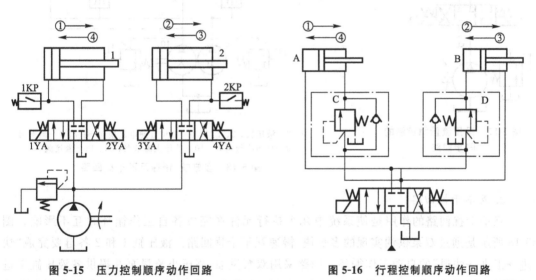

图 5-15 压力控制顺序动作回路　　　　**图 5-16 行程控制顺序动作回路**

（2）行程控制顺序动作回路

顺序阀 D 的调定压力大于顺序阀 C 的调定压力,如图 5-16 所示,当换向阀左位接入回路,且顺序阀 D 的调定压力大于液压缸 A 的最大前进工作压力时,压力油先进入液压缸 A 的左腔(实现动作①);当液压缸行至终点后,压力上升,压力油打开顺序阀 D 进入液压缸 B 的左腔(实现动作②);同样地,当换向阀右位接入回路,且顺序阀 C 的调定压力大于液压缸 B 的最大返回工作压力时,B 缸完成动作③后,A 缸完成动作④。显然,这种回路动作的可靠性取决于顺序阀的性能及其压力调定值,即它的调定压力应比前一个动作的压力高出 0.8～1.0 MPa,否则顺序阀易在系统压力脉动中造成误动作。虽然这种回路动作灵敏，安装、连接方便，但可靠性不高，位置精度低，所以这种回路适用于液压缸数目不多、负载变化不大的场合。

2. 同步回路

采用流量阀控制的同步回路如图 5-17 所示，在两个并联液压缸的进(回)油路上分别接入一个调速阀，调节两个调速阀的开口大小，控制进入或流出液压缸的流量，可使它们在同一个方向上实现速度同步。这种回路结构简单，但不易调整，同步精度不高，不宜用于偏载或负载变化频繁的场合。

动画 采用流量阀控制的同步回路

动画 多缸快、慢速互不干扰回路

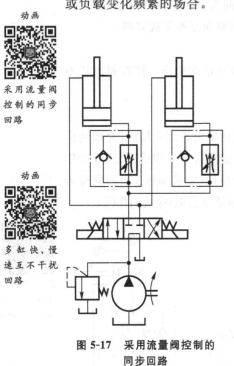

图 5-17 采用流量阀控制的同步回路

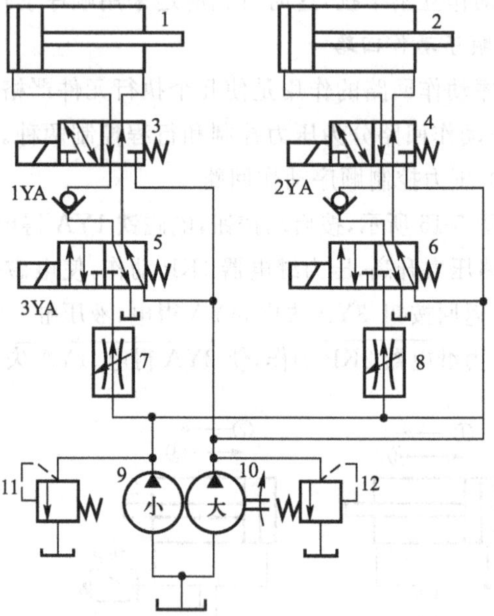

1、2—液压缸；3、4、5、6—二位五通电磁换向阀；7、8—调速阀；9—高压小流量泵；10—低压大流量泵；11、12—溢流阀。

图 5-18 多缸快、慢速互不干扰回路

3. 互不干扰回路

互不干扰回路的作用是使系统中几个执行元件在完成各自工作循环时互不影响。图 5-18 所示是通过双泵供油实现的多缸快、慢速互不干扰回路。液压缸 1 和 2 各自要完成“快进→工进→快退”的自动工作循环。回路采用双泵供油，高压小流量泵 9 提供各液压缸工进时所需的液压油，低压大流量泵 10 为各液压缸快进或快退时输送低压油，它们分别由溢流阀 11 和 12 调定供油压力。当电磁铁 1YA(2YA)得电时，液压缸 1(液压缸 2)左右两腔由二位五通电磁换向阀 5、3(6、4)连通，由泵 10 供油，并做差动连接实现快进。如果液压缸 1 先完成快进动作，挡块和行程开关使电磁铁 3YA 得电，1YA 失电，泵 10 进入液压缸 1 的油路被二位五通电磁换向阀 5 或 3 切断，而改为泵 9 供油，由调速阀 7 获得慢速工进，不受液压缸 2 快进的影响。当两缸均转为慢速工进时，都由泵 9 供油。若液压缸 1 先完成了工进，挡块和行程开关使电磁铁 1YA、3YA 都得电，液压缸 1 改由泵 10 供油，使活塞快速返回，这时液压缸 2 仍由泵 9 供油，继续完成慢速工进，不受液压缸 1 影响。当所有电磁铁都失电时，两缸都停止运动。此回路中快、慢速运动分别由大、小流量泵供油,并由相应的电磁阀进行控制,可保证两缸快、慢速运动互不干扰。

互动练习

项目五自测

三、操作训练

任务一 组建与调试方向控制回路

1. 任务分析

组建与调试如图 5-19 所示的方向控制回路,使用手动换向阀控制液动换向阀,工时定额 40 min。

回路中由辅助泵 2 提供低压控制油,通过手动换向阀来控制液动换向阀阀芯的动作,以实现主油路的换向。当手动换向阀处于中位时,液动换向阀在弹簧力作用下也处于中位,主油泵 1 卸荷。当手动换向阀在右位工作时,液动换向阀在左位工作,液压缸处于伸出状态;反之,液压缸处于缩回状态。这种回路常用于换向平稳性要求高且自动化程度不高的液压传动系统中。

具体操作规程如下:

(1)熟悉实训设备的使用方法,例如,液压泵压力的调整、管路的连接等。

(2)检查所有油管是否破损、老化,快速接口是否完好,以防脱落、漏油。

(3)打开液压泵,观察一段时间,防止因管路未接好而松脱或漏油。

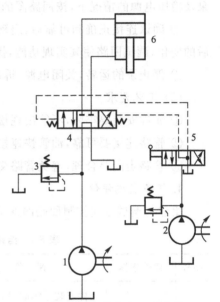

1—主油泵;2—辅助泵;3—溢流阀;
4—液动三位四通换向阀;
5—手动三位四通换向阀;6—液压缸。

图 5-19 方向控制回路

(4)打开液压缸,观察、记录回路运行情况,对出现的问题进行分析,并解决问题。

(5)完成操作后,及时关闭液压泵电源。

2. 设备及工具介绍

组建与调试方向控制回路时,方向控制回路中的主要元器件见表 5-8,主要设备为液压综合实训台及配套工具。

表 5-8 方向控制回路中的主要元器件

序号	元器件名称	数量
1	油泵	2
2	溢流阀	2
3	液动三位四通换向阀	1
4	手动三位四通换向阀	1
5	液压缸	1

3. 操作过程

（1）组建与调试方向控制回路的步骤

① 选用表 5-8 中的各元件，并检查型号是否正确，性能是否良好。

② 组建液压传动回路。根据回路图进行元件的安装与管路的连接，在连接液压传动元件时，将各元件安装到插件板的适当位置上。注意查看每个元件各油口的标号，在关闭液压泵及稳压电源的情况下，按回路图的要求逐一连接各元件，并固定好管路。

③ 确认连接正确和可靠后，启动油泵运行系统。观察液压缸在运动过程中和运动结束后的变化；调试回路使其实现功能，操纵手动换向阀观察液压缸伸出和缩回的情况。

④ 停止泵的运转，关闭电源，拆卸管路，将元件清理后放回原来的位置。

（2）工艺要求

① 元件安装要牢固，不能出现松动。

② 管路连接要可靠，油管快速接口接入要牢固。

③ 管路走向要合理，避免管路交叉。

4. 任务实施评价

组建与调试方向控制回路的评价标准见表 5-9。

表 5-9　组建与调试方向控制回路的评价标准

序号	评价指标	评 价 内 容	分值	小组评分	教师评分	备注
1	元件安装	元件安装不牢固，扣 3 分/只	30 分			
		元件选用错误，扣 5 分/只				
		漏接、脱落、漏油，扣 2 分/处				
2	布线	布局不合理，扣 2 分/处	30 分			
		长度不合理，扣 2 分/根				
		没有绑扎或绑扎不到位，扣 2 分/处				
3	通油	油路不通，扣 5 分/次	30 分			
		时间调试不正确，扣 3 分/处				
4	文明实训	没有整齐地摆放工具、元器件，扣 2 分	10 分			
		完成后没有及时清理工位，扣 3 分				
合　　计			100 分			

任务二　组建与调试速度控制回路

1. 任务分析

组建与调试图 5-20 所示的调速阀并联的速度控制回路。图 5-21 所示为调速阀并联的速度控制回路电气控制图。工时定额 40 min。

图 5-20 中是采用两个调速阀的二次工进速度换接回路。图中两个调速阀 3 和 4 并联,由电磁换向阀 1 实现速度换接。在图示位置,液压缸 7 的输入流量由调速阀 4 调节。当换向阀 1 切换至右位时,液压缸 7 的输入流量由调速阀 3 调节。当一个调速阀工作,另一个调速阀没有油液通过时,调速阀内的定差减压阀处于最大开口位置。所以,在速度换接开始的瞬间会有大量油液通过该开口,而使工作部件产生突然前冲现象。因此,它不宜用于在工作过程中进行速度换接,而只用于预先有速度换接的场合。

如图 5-21 所示,按下 SB1 按钮,KA1 得电,电磁铁 YA1 得电,通过调速阀 4 实现液压缸伸出的调定速度,或按下 SB5 按钮,KA3 得电,电磁铁 YA3 得电,通过调速阀 3 实现液压缸伸出的调定速度;反之,按下 SB3 按钮,KA2 得电,电磁铁 YA2 得电,通过调速阀 3 或 4 实现液压缸返回的调速。SB1、SB3、SB5 按钮均未按下时,系统实现卸荷与保压。

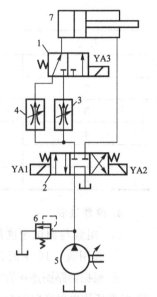

动画

调速阀并联的速度换接回路

1、2—电磁换向阀;3、4—调速阀;
5—液压泵;6—溢流阀;7—液压缸。

图 5-20 调速阀并联的速度控制回路

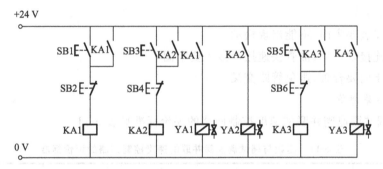

图 5-21 调速阀并联的速度控制回路电气控制图

具体操作规程如下:

(1)熟悉实训设备的使用方法,例如,液压泵的压力调整、管路的连接等。

(2)检查所有油管是否破损、老化,快速接口是否完好,以防脱落、漏油。

(3)打开液压泵,观察一段时间,防止因管路未接好而松脱或漏油。

(4)打开液压缸,观察、记录回路运行情况,对出现的问题进行分析,并解决问题。

(5)完成操作后,及时关闭液压泵电源。

2. 设备及工具介绍

组建与调试调速阀并联的速度控制回路时,速度控制回路中的主要元器件见表 5-10,主要设备为液压综合实训台及配套工具。

表 5-10　速度控制回路中的主要元器件

序号	元器件名称	数量
1	二位三通电磁阀	1
2	电磁三位四通换向阀	1
3	调速阀	2
4	液压泵	1
5	溢流阀	1
6	液压缸	1

3. 操作过程

(1) 组建与调试速度控制回路的步骤

① 选用表 5-10 中的各元件,检查其性能是否良好。

② 根据回路图连接管路,并固定好管路。按照电磁换向阀的控制要求,选择相应的连接导线,按照所用电磁换向阀的电磁铁编号,把相应的电磁铁插头插到电磁阀插孔内,调试控制回路。

③ 确认连接正确和可靠后,启动液压传动系统,调试回路实现功能状态,分别按下 SB1、SB3、SB5 按钮,观察油缸伸出和缩回的情况。

④ 停止液压泵的运转,关闭电源,拆卸管路,将元件清理后放回原来的位置。

(2) 工艺要求

① 元件安装要牢固,不能出现松动。

② 管路连接要可靠,油管快速接口接入要牢固。

③ 管路走向要合理,避免管路交叉。

4. 任务实施评价

组建与调试调速阀并联的速度控制回路的评价标准见表 5-11。

表 5-11　组建与调试调速阀并联的速度控制回路的评价标准

序号	评价内容	评 分 建 议	分值	小组评分	教师评分	备注
1	元件安装	元件安装不牢固,扣 3 分/只	30 分			
		元件选用错误,扣 5 分/只				
		漏接、脱落、漏油,扣 2 分/处				
2	布线	布局不合理,扣 2 分/处	30 分			
		长度不合理,扣 2 分/根				
		没有绑扎或绑扎不到位,扣 2 分/处				
3	通油	油路不通,扣 5 分/次	30 分			
		时间调试不正确,扣 3 分/处				
4	文明实训	没有整齐地摆放工具、元器件,扣 2 分	10 分			
		完成后没有及时清理工位,扣 3 分				
合　计			100 分			

任务三　组建与调试压力控制回路

1. 任务分析

卸荷回路是压力控制回路的一种常用类型。组建与调试图 5-22 所示的卸荷回路,图 5-23 所示为其电气控制回路,工时定额 40 min。

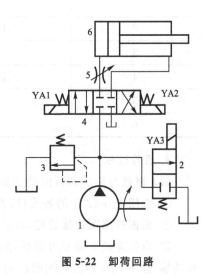

在图 5-22 所示的卸荷回路中,主换向阀 4 的中位机能为 O 型,利用与液压泵 1 和溢流阀 3 同时并联的二位二通电磁换向阀 2 的通断,实现系统的卸荷与保压功能。但要注意,二位二通电磁换向阀 2 的压力和流量参数要与对应的液压泵 1 相匹配。

按下按钮 SB1,KA1 得电,电磁阀 YA1 得电,通过节流阀 5 实现液压缸伸出的调定速度。按下按钮 SB3,KA2 得电,电磁阀 YA2 得电,通过节流阀 5 实现液压缸6 缩回的调定速度。按下按钮 SB5,KA3 得电,电磁阀YA3 得电,实现系统卸荷与保压。

图 5-22　卸荷回路

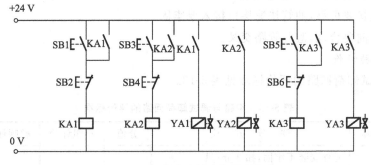

图 5-23　卸荷回路的电气控制回路

具体操作规程如下:

(1)熟悉实训设备的使用方法,例如,液压泵的压力调整、管路的连接等。

(2)检查所有油管是否破损、老化,快速接口是否完好,以防脱落、漏油。

(3)启动液压泵,观察一段时间,防止因管路未接好而松脱或漏油。

(4)启动液压缸,观察、记录回路运行情况,对出现的问题进行分析,并解决问题。

(5)完成操作后,及时关闭液压泵电源。

2. 设备及工具介绍

组建与调试卸荷回路时,卸荷回路中的主要元器件见表 5-12,主要设备为液压综合实训台及配套工具。

表 5-12　卸荷回路中的主要元器件

序号	元器件名称	数量
1	液压泵	1
2	二位二通电磁换向阀	1
3	溢流阀	1
4	三位四通电磁换向阀	1
5	节流阀	1
6	液压缸	1

3. 操作过程

（1）组建与调试卸荷回路的步骤

① 选用表 5-12 中的各元件，检查其性能是否良好。

② 根据回路图连接管路，并固定好管路。

③ 确认连接正确和可靠后，启动液压传动系统。依据图 5-22、图 5-23，调试回路使其实现功能，观察油缸伸出和缩回运动的情况。

（2）工艺要求

① 元件安装要牢固，不能出现松动。

② 管路连接要可靠，油管快速接口接入要牢固。

③ 管路走向要合理，避免管路交叉。

4. 任务实施评价

组建与调试卸荷回路的评价标准见表 5-13。

表 5-13　组建与调试卸荷回路的评价标准

序号	评价内容	评 分 建 议	分值	小组评分	教师评分	备注
1	元件安装	元件安装不牢固，扣 3 分/只	30 分			
		元件选用错误，扣 5 分/只				
		漏接、脱落、漏油，扣 2 分/处				
2	布线	布局不合理，扣 2 分/处	30 分			
		长度不合理，扣 2 分/根				
		没有绑扎或绑扎不到位，扣 2 分/处				
3	通油	油路不通，扣 5 分/次	30 分			
		时间调试不正确，扣 3 分/处				
4	文明实训	没有整齐地摆放工具、元器件，扣 2 分	10 分			
		完成后没有及时清理工位，扣 3 分				
合　　计			100 分			

任务四 组建与调试其他常用基本回路

1. 任务分析

组建与调试图 5-24 所示的缓冲制动回路,工时定额 40 min。

在图 5-24 所示的回路中,当换向阀在中位时,液压马达进、出油口被封闭,由于负载质量的惯性作用,使液压马达出口产生高压,此时溢流阀 4 或 5 打开,起缓冲和制动作用。图 5-24a 中的回路采用两个溢流阀组成缓冲制动阀组,可实现双向缓冲制动;图 5-24b 中的回路采用单向阀组从油箱向液压马达吸油腔补油的缓冲制动回路。

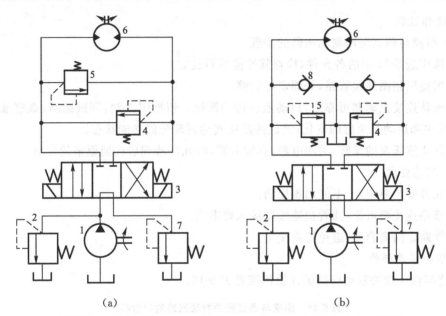

(a)　　　　　　　　　(b)

1—液压泵;2、4、5—溢流阀;3—换向阀;6—液压马达;7—背压阀;8—单向阀。

图 5-24 缓冲制动回路

具体操作规程如下:

(1)熟悉实训设备的使用方法,例如,液压泵的压力调整、管路的连接等。

(2)检查所有油管是否破损、老化,快速接口是否完好,以防脱落、漏油。

(3)启动液压泵,观察一段时间,防止因管路未接好而松脱或漏油。

(4)启动液压缸,观察、记录回路运行情况,对出现的问题进行分析,并解决问题。

(5)完成操作后,及时关闭液压泵电源。

2. 设备及工具介绍

组建与调试缓冲制动回路时,缓冲制动回路中的主要元器件见表 5-14,主要设备为液压综合实训台及配套工具。

表 5-14　缓冲制动回路中的主要元器件

序号	元器件名称	数量
1	液压泵	2
2	溢流阀	6
3	三位四通换向阀	2
4	液压马达	2
5	背压阀	2
6	单向阀	2

3. 操作过程

(1) 组建与调试缓冲制动回路的步骤

① 选用表 5-14 中的各元件,检查其性能是否良好。

② 根据回路图连接管路,并固定好管路。

③ 确认连接正确和可靠后,启动液压传动系统。依据图 5-24,调试回路,观察液压缸在运动过程中和运动结束后的变化;调试回路使其达到理想的功能状态。

④ 停止液压泵的运转,关闭电源,拆卸管路,将元件清理后放回原来的位置。

(2) 工艺要求

① 元件安装要牢固,不能出现松动。

② 管路连接要可靠,油管快速接口接入要牢固。

③ 管路走向要合理,避免管路交叉。

4. 任务实施评价

组建与调试缓冲制动回路的评价标准见表 5-15。

表 5-15　组建与调试缓冲制动回路的评价标准

序号	评价内容	评 分 建 议	分值	小组评分	教师评分	备注
1	元件安装	元件安装不牢固,扣 3 分/只	30 分			
		元件选用错误,扣 5 分/只				
		漏接、脱落、漏油,扣 2 分/处				
2	布线	布局不合理,扣 2 分/处	30 分			
		长度不合理,扣 2 分/根				
		没有绑扎或绑扎不到位,扣 2 分/处				
3	通油	油路不通,扣 5 分/次	30 分			
		时间调试不正确,扣 3 分/处				
4	文明实训	没有整齐地摆放工具、元器件,扣 2 分	10 分			
		完成后没有及时清理工位,扣 3 分				
		合　　计	100 分			

任务五 组建与调试液压伺服系统

1. 任务分析

组建与调试图 5-25 所示的采用伺服阀的同步回路,工时定额 40 min。

如图 5-25 所示,伺服阀 1 根据两个位移传感器 2、3 的反馈信号,持续不断地调整阀口的开度,控制两个液压缸的输入或输出流量,使它们获得双向同步运动。

具体操作规程如下:

(1) 熟悉实训设备的使用方法,例如,液压泵的压力调整、管路的连接等。

(2) 检查所有油管是否破损、老化,快速接口是否完好,以防脱落、漏油。

(3) 打开液压泵,观察一段时间,防止因管路未接好而松脱或漏油。

(4) 打开液压缸,观察、记录回路运行情况,对出现的问题进行分析,并解决问题。

(5) 完成操作后,及时关闭液压泵电源。

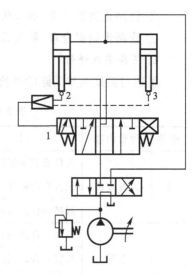

1—伺服阀;2、3—位移传感器。

图 5-25 采用伺服阀的同步回路

2. 设备及工具介绍

组建与调试采用伺服阀的同步回路时,同步回路中的主要元器件见表 5-16,主要设备为液压综合实训台及配套工具。

表 5-16 同步回路中的主要元器件

序号	元器件名称	数量
1	液压缸	2
2	溢流阀	1
3	三位四通换向阀	2
4	位移传感器	2
5	伺服阀	1
6	液压泵	1

3. 操作过程

(1) 组建与调试同步回路的步骤

① 选用表 5-16 中的各元件,检查其性能是否良好。

② 根据回路图连接管路,并固定好管路。

③ 确认连接正确和可靠后,启动液压传动系统,调试回路使其实现功能,观察油缸伸出和缩回运动的情况。

④ 停止泵的运转,关闭电源,拆卸管路,将元件清理后放回原来的位置。

(2)工艺要求

① 元件安装要牢固,不能出现松动。

② 管路连接要可靠,油管快速接口接入要牢固。

③ 管路走向要合理,避免管路交叉。

4.任务实施评价

组建与调试同步回路的评价标准见表 5-17。

表 5-17 组建与调试同步回路的评价标准

序号	评价内容	评 分 建 议	分值	小组评分	教师评分	备注
1	元件安装	元件安装不牢固,扣 3 分/只	30 分			
		元件选用错误,扣 5 分/只				
		漏接、脱落、漏油,扣 2 分/处				
2	布线	布局不合理,扣 2 分/处	30 分			
		长度不合理,扣 2 分/根				
		没有绑扎或绑扎不到位,扣 2 分/处				
3	通油	油路不通,扣 5 分/次	30 分			
		时间调试不正确,扣 3 分/处				
4	文明实训	没有整齐地摆放工具、元器件,扣 2 分	10 分			
		完成后没有及时清理工位,扣 3 分				
	合　　　计		100 分			

大国工匠

液压专家——
李洪人

大国工匠

液压专家——
刘昕晖

▶四、知识拓展

液压传动系统的使用与维护

液压传动系统性能的好坏不仅取决于系统设计的合理性和液压元件性能的优劣,还与系统的污染防护处理和管理维护有关,系统的污染直接影响液压传动系统工作的可靠性和元件的使用寿命。另外,有 90%的液压传动系统故障发生是由于使用管理不善所引发的。因此,在生产中合理使用和正确维护液压设备,不仅可以防止元件与系统遭受不必要的损坏,而且可以减少故障的发生,还能有效地延长液压元件的使用寿命。

1.液压传动系统的使用要求

(1)按设计规定和工作要求,合理调节系统的工作压力和工作速度。压力阀和流量阀调节到所要求的数值后,应将调节机构锁紧,防止松动,不得随意调节,严防调节失误造成事故。不可使用有缺陷的压力表,不允许在无压力表的情况下调压或工作。

(2)系统运行过程中,要注意油质的变化状况,要定期进行取样化验。当油液的物理、化学性能指标超出使用范围,不符合使用要求时,要进行净化处理或更换新的液压油。新更换的油液须经过滤后才能注入油箱。为保证油液的清洁度,滤油器的滤芯要定期更换。

(3) 随时注意油液的温度。正常工作时,油液的温度不应超过 60 ℃。一般控制在 35～55 ℃,冬季由于温度低,油液黏度较大,应升温后再启动。

(4) 当系统某部位出现异常现象时,要及时分析原因并进行处理,不可勉强运行,否则会造成事故。

(5) 不可随意调整电控系统的互锁装置,不可随意移动各行程开关和限制挡铁的位置。

(6) 液压设备若长期不用,应将各调节手轮全部放松,防止弹簧永久变形而影响元件的性能。

2. 液压设备的维护

液压设备通常采用日常检查(点检)和定期检查(定检)等维护方式。通过日常检查和定期检查可以把液压传动系统中存在的问题排除在萌芽状态,还可以为设备维修提供第一手资料,从中确定修理项目,编制检修计划,并可以从中找出液压传动系统出现故障的规律,以及液压油、密封件和液压元件的更换周期。

(1) 日常检查

日常检查的主要内容有:

① 油箱液位应在规定范围内。

② 油温应在规定范围内。

③ 系统(或回路)压力稳定,并符合要求。

④ 无异常噪声和振动。

⑤ 全系统无漏油、滤油器堵塞的情况。

⑥ 压力表等指示装置是否正常。

⑦ 各密封部位、管接头等处是否有漏油情况。

⑧ 执行机构的动作平稳,速度符合要求。

⑨ 各执行机构的动作循环按规定程序协调动作。

⑩ 电磁阀动作时的响声、电磁线圈的温度正常。

(2) 定期检查

定期检查的目的是检查液压传动系统是否保持原有的工作性能,检查的周期与检查的内容随不同的液压回路而不同。主要有以下几个方面:

① 工作油液。在油箱的上、中、下层分别取样,检查其清洁度、水分含量和黏度等性能指标,如果达不到要求,则需更换。

在一般情况下,清洁度的检查大致可按以下时间间隔进行。第一次在使用开始 3 个月后或工作 500 h 后进行,第二次在使用 6 个月或工作 10 000 h 后进行。以后每年或每工作 2 000 h 后检查一次。

② 液压泵。检查进、出油口管接头的连接状态、泄漏量及吸入压力的大小,必要时更换

密封圈及轴承,检测容积效率。

③ 油箱。检查油量,检查油温计,清洁滤油器及空气过滤芯。

④ 蓄能器。检查管接头及螺钉有无松动,检查容积效率及内部泄漏等情况,必要时更换密封圈。

⑤ 控制阀。检查压力阀的压力设定值和调压机构;流量阀的流量指示值与实际流量是否一致;电液阀的动态性能;阀的中位泄漏量。如性能有较大幅度的下降,应及时更换。

⑥ 其他。检查管路支架是否松动,橡胶软管有无损伤。检查冷却器及各种传感器。

▶ 五、思考与练习

(一) 填空题

1. 液压控制阀按用途的不同,可分为_____、_____和_____三大类,分别控制、调节液压传动系统中液流的_____、_____和_____。

2. 换向阀的作用是_____。

3. 溢流阀在液压传动系统中,能起_____、_____、_____和_____等作用。

4. 液压传动系统实现执行机构快速运动的回路有_____的快速回路、_____的快速回路、_____的快速回路和_____的快速回路。

5. 在定量泵供油的液压传动系统中,用_____对执行元件的速度进行调节,这种回路称为_____。节流调速回路的特点有_____、_____、_____,故适用于_____系统。

6. 顺序动作回路的作用是使几个执行元件严格按预定的顺序动作,按控制方式不同,分为_____控制和_____控制。

7. 使用节流阀的节流调速回路有:_____节流调速回路,_____节流调速回路和_____节流调速回路。

8. 在旁路节流调速回路中,溢流阀作_____阀用,其调定压力应大于克服最大负载所需要的压力,正常工作时,溢流阀处于_____状态。

9. 流量控制阀是通过改变_____来调节通过阀口的流量,从而改变执行元件的_____。

10. 溢流阀在液压传动系统中起_____作用,用以保持系统的稳定,还可起_____作用,以防系统_____过高。

11. 卸荷回路的作用是:当液压传动系统中的执行元件停止运动后,使液压泵输出的油液以最小的_____直接回油箱,节省电动机的_____,减少系统_____,延长泵的_____。

12. 常用的压力控制阀有:_____、_____、_____和_____等。

13. 压力控制回路可用来实现_____、_____、_____、_____和多级压力控制等。

14. 减压回路中将_____阀串联在分支油路上,以实现系统局部_____的降压。

(二) 判断题

1. 单向阀的作用是控制油液的流动方向,接通或关闭油路。 ( )

2. 溢流阀通常接在液压泵出口处的油路上,它的进口压力即为系统压力。 ( )

3. 溢流阀可用作安全阀,可用于系统的限压保护、防止过载。在系统正常工作时,该阀处于闭合状态。 ( )

4. 使用可调节流阀进行调速时,执行元件的运动速度不受负载变化的影响。 ( )

5. 大流量的液压传动系统,应直接使用二位二通电磁换向阀实现泵卸荷。 ( )

6. 闭锁回路属于方向控制回路,可采用滑阀机能为中间封闭或 PO 连接的换向阀来实现。 ( )

7. 所有换向阀均可用于换向回路。 ( )

8. 锁紧回路属于方向控制回路,可采用中位机能为中间封闭或 PO 型的换向阀来实现。 ( )

9. 凡液压传动系统中有减压阀,则必定有减压回路。 ( )

10. 凡液压传动系统中有顺序阀,则必定有顺序回路。 ( )

11. 凡液压传动系统中有节流阀或调速阀,则必定有节流调速回路。 ( )

12. 压力调定回路主要由溢流阀等组成。 ( )

13. 任何复杂的液压传动系统都是由液压基本回路组成的。 ( )

14. 容积调速回路中,其主油路上的溢流阀起安全保护作用。 ( )

15. 在调速阀串联的二次进给回路中,后调速阀控制的速度比前一个快。 ( )

16. 压力控制顺序动作回路的可靠性比行程控制顺序动作回路的可靠性好。 ( )

(三) 选择题

1. 溢流阀( )。
A. 常态下阀口是常开的   B. 阀芯随系统压力的变动而移动
C. 进油口、出油口均有压力   D. 一般连接在液压缸的回油油路上

2. 调速阀是组合阀,其组成是( )。
A. 可调节流阀与单向阀串联   B. 定差减压阀与可调节流阀并联
C. 定差减压阀与可调节流阀串联   D. 可调节流阀与单向阀并联

3. 要实现液压泵卸荷,可采用三位换向阀的( )型中位滑阀机能。
A. O   B. P   C. M   D. Y

4. 在液压传动系统原理图中,与三位换向阀连接的油路一般应画在换向阀符号的( )位置上。
A. 左格   B. 右格   C. 中格   D. 都可以

5. 为使减压回路可靠地工作,减压回路最高调整压力应比系统压力( )。
A. 低   B. 高   C. 相等   D. 都不对

6. 执行机构运动部件快慢速差值大的液压传动系统,应采用( )的快速回路。
A. 差动连接缸   B. 双泵供油   C. 有蓄能器   D. 卸压回路

7. 一级或多级调压回路的核心控制元件是(　　)。

    A. 溢流阀　　　　　　B. 减压阀　　　　　　C. 压力继电器　　　　D. 顺序阀

8. 如某元件需得到比主系统油压高得多的压力时,可采用(　　)。

    A. 压力调定回路　　B. 多级压力回路　　C. 减压回路　　　　　D. 增压回路

9. 调速阀是用(　　)而成的。

    A. 节流阀和定差减压阀串联　　　　　　　B. 节流阀和顺序阀串联

    C. 节流阀和定差减压阀并联　　　　　　　D. 节流阀和顺序阀并联

10. 与节流阀相比较,调速阀的特点是(　　)。

    A. 流量稳定性好　　　　　　　　　　　　B. 结构简单,成本低

    C. 调节范围大　　　　　　　　　　　　　D. 最小压差的限制较小

11. 系统功率不大,负载变化较大,采用的调速回路为(　　)调速回路。

    A. 进油节流　　　　　B. 旁路节流　　　　　C. 回油节流　　　　　D. A 或 C

12. 能使执行元件实现快进、慢进、快退三种不同速度的节流阀是(　　)。

    A. 普通节流阀　　　　B. 单向节流阀　　　　C. 单向行程节流阀　　D. 以上都不对

13. 卸荷回路属于(　　)回路。

    A. 方向控制　　　　　B. 压力控制　　　　　C. 速度控制　　　　　D. 顺序控制

14. 当减压阀出口压力小于调定值时,(　　)起减压作用。

    A. 仍能　　　　　　　B. 不能　　　　　　　C. 不一定能

(四) 分析题

读懂图 5-26,填写电磁铁动作顺序,并填入表 5-18 中。

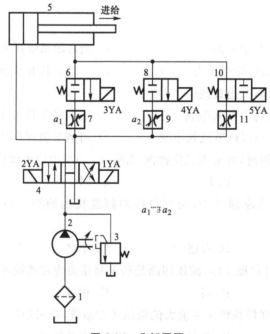

图 5-26　分析题图

1.阀 3 在该液压传动系统中起＿＿＿＿作用。

2.阀 4 的中位机能是＿＿＿＿型,属于该系统中的＿＿＿＿回路。

3.该液压传动系统调速回路属于＿＿＿＿节流调速回路。

4.该液压传动系统的速度切换回路是＿＿＿＿的二次进给回路。

表 5-18　分析题表

	1YA	2YA	3YA	4YA	5YA
快进					
一工进					
二工进					
快退					
停止					

项目六　典型液压传动系统的安装与调试

一、项目介绍

近年来,液压传动技术已广泛应用于工程机械、起重运输机械、机械制造业、冶金机械、矿山机械、建筑机械、农业机械、轻工机械、航空航天等领域。由于各领域中液压传动系统的工作循环、动作特点等各不相同,相应地,各液压传动系统的组成、作用和特点也不尽相同。

液压传动系统的安装是液压传动系统能否正常工作的一个重要环节,液压传动系统安装的工艺不合理,将会造成液压传动系统无法运行,给生产带来巨大的经济损失,甚至造成重大事故。液压传动系统虽然与机械传动系统有很多相似之处,但是,液压传动系统也有它的特性。经过专业培训、有一定安装经验的人员才能从事液压传动系统的安装。

液压设备调试的主要内容是液压传动系统的运转调试,不仅要检查系统是否完成了设计要求的工作运动循环,还应该把组成工作循环的各个动作的力、力矩、速度、加速度、行程的起点和终点,各个动作的时间和整个工作循环的总时间等调整到设计时所规定的数值,检测系统的功率损失和油温升高是否会妨碍设备的正常运转,并采取措施加以解决。

本项目的主要任务有:安装与调试 M1432A 型万能外圆磨床液压传动系统、安装与调试 JS-1 型液压机械手液压传动系统、安装与调试 MJ-50 数控车床液压传动系统、安装与调试汽车起重机液压传动系统、安装与调试 YA32-200 型四柱万能液压机液压传动系统等。采用理实一体的方法,使学生掌握典型液压传动系统的安装调试技术。

二、相关知识

（一）M1432A 型万能外圆磨床液压传动系统

1. 主要功能

M1432A 型万能外圆磨床主要用于磨削精度为 IT5～IT7 的圆柱形或圆锥形外圆和内孔,表面粗糙度 Ra 为 0.08～1.25 μm。该机床的液压传动系统具有以下功能:

（1）能实现工作台的自动往复运动,并能实现 0.05～4 m/min 的无级调速,工作台换向平稳,启动、制动迅速,换向精度高。

（2）在装卸工件和测量工件时,为缩短辅助时间,砂轮架具有快速进退动作。为避免惯性冲击,控制砂轮架快速进退的液压缸设置有缓冲装置。

（3）为方便装卸工件,尾架顶尖的伸缩采用液压传动。

（4）工作台可做微量抖动:切入磨削或加工工件略大于砂轮宽度时,为了提高生产率和表面质量,工作台可做短距离(1～3 mm)、频繁往复运动(100～150 次/min)。

(5) 传动系统具有必要的联锁动作。

① 工作台的液动与手动联锁,以免液动时带动手轮旋转引起工伤事故。

② 砂轮架快速前进时,可保证尾架顶尖不后退,以免加工时工件脱落。

③ 磨内孔时,为使砂轮不后退,传动系统中设置有与砂轮架快速后退联锁的机构,以免撞坏工件或砂轮。

④ 砂轮架快进时,头架带动工件转动,冷却泵启动;砂轮架快速后退时,头架与冷却泵电动机停转。

2. 主要特点

由于机床加工工艺的要求,M1432A 型万能外圆磨床液压传动系统是机床液压传动系统中要求较高、较复杂的一种。其主要特点有:

(1) 系统采用节流阀回油节流调速回路,功率损失较小。

(2) 工作台采用了活塞杆固定式双杆液压缸,保证左、右往复运动的速度一致,并且机床占地面积不大。

(3) 系统在结构上采用了将开停阀、先导阀、换向阀、节流阀、抖动缸等组合成一体的操纵箱。使结构紧凑、管路减短、操纵方便,又便于制造和装配修理。此操纵箱属于行程制动换向回路,具有较高的换向位置精度和换向平稳性。

(二) JS-1 型液压机械手液压传动系统

机械手能模仿人手和臂的某些动作,是按固定程序抓取、搬运物件或操作工具的自动操作装置。机械手是最早出现的工业机器人,也是最早出现的现代机器人。它可代替人的繁重劳动以实现生产的机械化和自动化,能用在有害环境下,以保护人身安全,因而广泛应用于机械制造、冶金、电子、轻工和原子能等领域。

JS-1 型液压机械手主要由手部、运动机构和控制系统三大部分组成。手部是用来抓持工件(或工具)的部件。运动机构可使手部完成各种转动(摆动)、移动或复合运动来实现规定的动作,改变被抓持物件的位置和姿势。控制系统可控制运动机构使其完成预定的动作。JS-1 型液压机械手液压传动系统中手臂回转和手腕回转由齿条液压缸驱动,手臂上下运动、伸缩运动和手指松夹工件由液压缸驱动。

JS-1 型液压机械手液压传动系统具有以下特点:

(1) 系统中采用了蓄能器,可起到增速和吸收液压冲击的作用,保证系统工作稳定可靠。

(2) 系统中采用了减压阀以保证手腕、手指油路有比系统低的稳定压力,使手腕、手指的动作更灵活、可靠。

(3) 电磁换向阀、压力继电器容易与电气控制系统结合,使液压缸的动作程序调整控制方便。

(三) MJ-50 型数控车床液压传动系统

随着数控技术的飞速发展,机床设备的自动化程度和精度越来越高,使特别适合于电控和自控的液压传动与气动技术得到了更加充分的应用。无论是一般数控机床还是加工中心,液压传动与气动都是极其有效的传动与控制方式。

MJ-50 型数控车床是两坐标连续控制的卧式车床,允许最大工件回转直径为 500 mm,采用 FANUC OTE MODEL A-2 系统。它主要用来加工轴类零件的内外圆柱面、圆锥面、螺纹表面、成形回转体表面。对于盘类零件可进行钻孔、扩孔、铰孔和镗孔等加工,还可以完成车端面、切槽、倒角等加工。其卡盘夹紧与松开、卡盘夹紧力的高低压转换、回转刀架的松开与夹紧、刀架刀盘的正转反转、尾座套筒的伸出与退回都是由液压传动系统驱动的。液压传动系统中各电磁阀电磁铁的动作是由数控系统的 PLC 控制实现的。系统采用变量叶片泵供油,系统压力调至 4 MPa。

该系统采用高压大流量恒功率变量泵供油和利用拉延滑块自动充油的快速运动回路,既符合工艺要求,又节省了能量。

(四) 汽车起重机液压传动系统

汽车起重机是一种使用广泛的工程机械,这种机械能以较快的速度行走,机动性好、适应性强、自备动力(不需要配备电源)、能在野外作业、操作简便灵活,因此,在交通运输、城建、消防、大型物料场、基建、急救等领域得到了广泛的使用。

在汽车起重机上采用液压起重技术,具有承载能力大,可在有冲击、振动和环境较差的条件下工作。由于系统执行元件需要完成的动作较为简单,位置精度要求较低,所以系统以手动操纵为主,对于起重机械液压传动系统,在设计中确保工作的可靠与安全最为重要。

汽车起重机以相配套的载重汽车为基本部分,在其上添加相应的起重功能部件,从而组成完整的汽车起重机,利用汽车自备的动力作为起重机的液压传动系统动力。起重机工作时,汽车的轮胎不受力,依靠四条液压支承腿将整个汽车抬起来,并将起重机的各个部分展开,进行起重作业。转移起重作业现场时,需要将起重机的各个部分收回到汽车上,使汽车恢复到车辆运输功能状态,再进行转移。

汽车起重机液压传动系统由调速、调压、锁紧、换向、平衡、制动、多缸卸荷等基本回路组成,其主要特点如下:

(1) 在调速回路中,工件机构(起降机构除外)的速度通过手动调节换向阀的开度大小来调整,方便灵活。

(2) 在调压回路中,系统的最高工作压力由安全阀来限制,可防止系统过载,实现起重机超重起吊安全保护作用。

(3) 锁紧回路采用由液控单向阀构成的双向液压锁将前后支腿锁定在一定的位置上,工作可靠、安全,确保在整个起吊过程中,每条支腿都不会出现软腿的现象,即使出现发动机熄火或液压管道破裂的情况,双向液压锁仍能正常工作,且有效时间长。

(4) 平衡回路通过平衡阀防止在起升、吊臂伸缩和变幅作业过程中因重物自重而下降,确保工作稳定、可靠。但在一个方向有背压,会对系统造成一定的功率损耗。

(5) 在多缸卸荷回路中,采用多路换向阀结构,将多个中位机能为 M 型的三位四通手动换向阀在油路中串联起来使用,这样可以使任何一个工作机构单独动作;串联结构还可在轻载下使机构任意组合地同时动作;6 个换向阀串联会使液压泵的卸荷压力加大,系统效率降低,但由于起重机不是频繁作业机械,这些损失对系统的影响不大。

（6）采用由单向节流阀和单作用闸缸构成的制动器,利用调整好的弹簧力进行制动,形成制动回路,制动可靠、动作快。由于要用液压缸压缩弹簧来松开刹车,因此刹车松开的动作慢,可防止负重起重时发生溜车现象,能够确保起吊安全,并且在汽车发动机熄火或液压传动系统出现故障时,能够迅速实现制动,防止被起吊的重物下落。

（五）YA32-200 型四柱万能液压机液压传动系统

液压机是应用液压传动的压力加工设备,广泛应用于锻造、冲压加工生产中。它将液压传动系统的压力能以压力的形式输出,用以实现各种零件的压力加工。YA32-200 型四柱万能液压机通常称为三梁四柱式压力机,它的主缸输出额定压力为 2 000 kN,工作台下设有液压顶出缸,用以实现压力加工中的顶件工艺。液压机一个工作行程中的主要动作有快速下行、慢速加压、保压、卸压和回程等,在工作行程中的任意位置可以停留。下顶出缸输出向上的力,随主滑块下行过程中可保持恒定的顶出压力。一般液压机液压传动系统是一种以压力变换为主的中高压系统,工作压力范围为 10～40 MPa,有时高达 100～150 MPa。工作行程中流量变化较大,因此需要合理利用原动机的有效功率,且注意系统的安全可靠性。其主要特点如下:

（1）采用高压、大流量、恒功率变量泵供油,利用上滑块自重加速、液控单向阀补油的快速运动回路,功率利用合理。

（2）采用背压阀及液控单向阀控制主液压缸下腔的回油压力,既满足了主机对力和速度的要求,又节省了能量。

（3）为了减少由保压到回程的液压冲击,采用由单向阀（保压）、液控顺序阀和带卸载阀芯的液控单向阀组成的卸压回路。

（4）主缸与顶出缸的协调动作由两个电-液动换向阀互锁来控制。它保证了一个缸动作的同时另一个缸不动作。

三、操作训练

互动练习

项目六自测

任务一 安装与调试 M1432A 型万能外圆磨床液压传动系统

1. 任务分析

按图 6-1 所示的 M1432A 型万能外圆磨床液压传动系统原理图,完成 M1432A 型万能外圆磨床液压传动系统的安装与调试。工时定额 8 h。

M1432A 型万能外圆磨床液压传动系统工作原理分析见表 6-1。

注意事项:

（1）正确分析 M1432A 型万能外圆磨床液压传动系统工作原理,充分了解各元件之间的连接关系。

（2）正确使用工量具,物品摆放要整齐。

（3）各液压元件、辅件在安装前应清洗干净。

（4）安装液压阀时应保持轴线水平,油口位置不能反接和接错。

动画

M1432A 型
万能外圆磨
床液压系统
工作原理

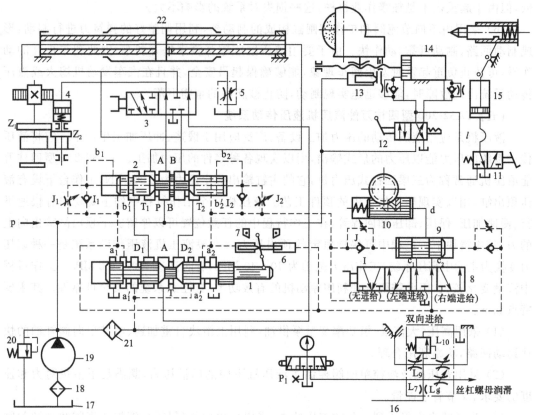

1—先导阀；2—换向阀；3—开停阀；4—互锁缸；5—节流阀；6—抖动缸；7—挡块；8—选择阀；9—进给阀；
10—进给缸；11—尾座换向阀；12—快动换向阀；13—闸缸；14—快动缸；15—尾座缸；16—润滑稳定器；
17—油箱；18—粗滤油器；19—油泵；20—溢流阀；21—精滤油器；22—工作台进给缸。

图 6-1 M1432A 型万能外圆磨床液压传动系统原理图

表 6-1 M1432A 型万能外圆磨床液压传动系统工作原理分析

动作顺序		动作分析	说　明
工作台往复运动	工作台右行	先导阀 1、换向阀 2 阀芯均处于右端，开停阀 3 处于右位。其主油路为： 进油路：油泵 19→换向阀 2 右位(P→A)→工作台进给缸 22 右腔。 回油路：工作台进给缸 22 左腔→换向阀 2 右位(B→T_2)→先导阀 1 右位→开停阀 3 右位→节流阀 5→油箱 17	液压油推动工作台进给缸带动工作台向右运动，其运动速度由节流阀 5 来调节
	工作台左行	在工作台右行到预定位置时，工作台上左边的挡块 7 与先导阀 1 的阀芯相连接的杠杆，使先导阀阀芯左移，实现工作台的换向过程。先导阀阀芯左移过程中，其阀芯中段制动锥 A 的右边逐渐将回油路上通向节流阀 5 的通道(D_2→T)关小，使工作台逐渐减速制动，实现预制动；当先导阀阀芯继续向左移动到先导阀阀芯右部环形槽，使 a_2 与高压油路 a_2' 相通，先导阀阀芯左部环形槽使 a_1→a_1' 接通油箱时，控制油路被切换。这时借助于抖动缸 6 推动先导阀 1 向左快速移动(快跳)。其油路是：	

动作顺序		动作分析	说 明
工作台往复运动	工作台左行	进油路:油泵 19→精滤油器 21→先导阀 1 左位(a_2'→a_2)→抖动缸 6 左端。 回油路:抖动缸 6 右端→先导阀 1 左位(a_1'→a_1)→油箱 17。 因为抖动缸 6 的直径很小,上述流量很小的压力油足以使之快速右移,并通过杠杆使先导阀 1 的阀芯快跳到左端,从而使通过先导阀 1 到达换向阀 2 右端的控制压力油路迅速打通,同时又使换向阀 2 左端的回油路也迅速打通(畅通)。 其控制油路是: 进油路:油泵 19→精滤油器 21→先导阀 1 左位(a_2→a_2')→单向阀 I_2→换向阀 2 右端。 回油路:换向阀 2 左端回油路在换向阀阀芯左移过程中有三种变换: ① 换向阀 2 左端 b_1'→先导阀 1 左位(a_1→a_1')→油箱 17。换向阀阀芯因回油畅通而迅速左移,实现第一次快跳。 换向阀 2 的阀芯快跳到制动锥的右侧,关小主回油路(B→T_2)通道,工作台便迅速制动(终制动)。换向阀 2 的阀芯继续迅速左移到中部台阶处于阀体中间沉割槽的中心处时,液压缸两腔都通压力油,工作台便停止运动。 ② 换向阀 2 的阀芯在控制压力油作用下继续左移,换向阀阀芯左端回油路改为:换向阀 2 左端→节流阀 J_1→先导阀 1 左位→油箱。 这时换向阀 2 的阀芯按节流阀(停留阀)J_1 调节的速度左移。由于换向阀体中心沉割槽的宽度大于中部台阶的宽度,所以阀芯慢速左移的一定时间内,液压缸两腔继续保持互通,使工作台在端点保持短暂的停留。其停留时间在 0~5 s 内,由节流阀 J_1、J_2 调节。 ③ 当换向阀 2 的阀芯慢速左移到左部环形槽与油路(b_1→b_1')相通时,换向阀 2 左端控制油的回油路又变为:换向阀 2 左端→油路 b_1→换向阀 2 左部环形槽→油路 b_1'→先导阀 1 左位→油箱 17。 这时由于换向阀左端回油路畅通,换向阀阀芯实现第二次快跳,使主油路迅速切换,工作台则迅速反向启动(左行)。这时的主油路是: 进油路:油泵 19→换向阀 2 左位(P→B)→工作台进给缸 22 左腔。 回油路:工作台进给缸 22 右腔→换向阀 2 左位(A→T_1)→先导阀 1 左位(D_1→T)→开停阀 3 右位→节流阀 5→油箱 17	当工作台左行到位时,工作台上的挡块 7 触碰杠杆,推动先导阀右移,重复上述换向过程。实现工作台的自动换向。 抖动缸 6 的功用:一是帮助先导阀 1 实现换向过程中的快跳;二是当工作台需要做频繁短距离换向时,实现工作台的抖动
工作台液动与手动互锁	液动方式	开停阀 3 处于右位时,互锁缸 4 的活塞在压力油的作用下压缩弹簧,并推动齿轮 Z_1 和 Z_2 脱开	由于齿轮 Z_1 和 Z_2 脱开,当工作台液动时,手轮不会转动
	手动方式	开停阀 3 处于左位时,互锁缸 4 通油箱,活塞在弹簧力的作用下带着齿轮 Z_2 移动,Z_2 与 Z_1 啮合	由于互锁缸 4 通油箱,工作台就可用手摇机构摇动

续　表

动作顺序		动作分析	说　明
砂轮架快速进、退运动	快进运动	快动换向阀 12 右位接入系统,压力油经快动换向阀 12 右位进入快动缸 14 右腔,砂轮架快进到前端位置	重复定位精度由活塞与缸体端盖相接触来保证
	快退运动	快动换向阀 12 左位接入系统,压力油经快动换向阀 12 左位进入快动缸 14 左腔,砂轮架快速后退到最后端位置	为防止砂轮架在快速运动到达前后终点处产生冲击,在快动缸 14 两端设缓冲装置,并设有抵住砂轮架的闸缸 13,用以消除丝杠和螺母间的间隙
砂轮架周期进给运动	双向周期进给	进油路:压力油从 a_1 点→J_4→进给阀 9 右端。 回油路:进给阀 9 左端→I_3→a_2→先导阀 1→油箱 17;进给缸 10→d→进给阀 9→c_1→选择阀 8→a_2→先导阀 1→油箱 17,进给缸柱塞在弹簧力的作用下复位。 当工作台开始换向时,先导阀换位(左移)使 a_2 点变高压,a_1 点变为低压(回油箱),此时周期进给油路为:压力油从 a_2 点→J_3→进给阀 9 左端;进给阀 9 右端→I_4→a_1 点→先导阀 1→油箱,使进给阀右移;同时,压力油经 a_2 点→选择阀 8→c_1→进给阀 9→d→进给缸 10,推进给缸柱塞左移,柱塞上的棘爪拨棘轮转动一个角度,通过齿轮等推砂轮架进给一次。在进给活塞继续右移时堵住 c_1 而打通 c_2,这时进给缸右端→d→进给阀 9→c_2→选择阀 8→a_1→先导阀 a_1'→油箱,进给缸在弹簧力的作用下再次复位。当工作台再次换向时,再进给一次	每进给一次是由一股压力油(压力脉冲)推进给缸柱塞上的棘爪拨棘轮转一角度。调节进给阀两端的节流阀 J_3、J_4 就可调节压力脉冲的时期长短,从而调节进给量的大小
	右端进给	选择阀 8 转到右位,工作台只有在换向到右端才进给一次,其过程略	
	左端进给	选择阀 8 转到左边第二个位置,工作台只有在换向到左端才进给一次,其过程略	
	无进给	选择阀 8 转到左位,工作台无进给,其过程略	
尾座顶尖松开与夹紧	松开	尾座顶尖只有在砂轮架处于后退位置时才允许松开。为操作方便,采用尾座换向阀 11(脚踏式二位三通阀)来操纵,由尾座缸 15 来实现。只有当快动换向阀 12 处于左位、砂轮架处于后退位置、尾座换向阀 11 处于右位时,才能有压力油通过尾座换向阀 11 进入尾座缸 15,推出顶尖松开工件	尾座顶尖靠弹簧力实现夹紧
	夹紧	快动换向阀 12 处于右位(砂轮架处于前端位置)时,油路 L 为低压(回油箱),这时误踏尾座换向阀 11 也无压力油进入尾座缸 15,顶尖也就不会被推出了	

（5）密封件安装后应有一定的缩紧量,以防泄漏。

（6）紧固螺栓应对称依次均匀拧紧,使元件与阀座平面完全接触。

（7）元件严格按设计要求的位置安装,注意整齐、美观。

（8）注意保持工作场所卫生，尤其不能让液压油污染环境。

2. 任务准备

设备：液压组合实训台、机床液压工作台或实验室模拟设备。

（1）准备 M1432A 型万能外圆磨床液压传动系统图，管路布置图，电气原理图，液压元件，辅件及管件。

（2）检查液压元件、辅件的型号、规格是否与清单一致。

（3）检查液压泵、液压阀等的调节螺钉、手轮、锁紧螺母等是否完整无损。

（4）检查液压阀，接头体所附带的密封件外观质量是否符合要求。

（5）检查各种液压阀所安装的连接面是否平整，不允许有磕碰凹痕。

（6）检查各液压元件上配套的附件是否齐全。

（7）检查管件的通径、壁厚是否符合图样要求，钢管不得有腐蚀、裂痕、凹入、结疤等缺陷。

3. 操作过程

（1）根据管路布置图安装液压管件，使用管夹和底板固定钢管，钢管不能和底板接触，避免出现摩擦现象。

（2）按设计图样的规定和要求安装液压阀。安装时要注意进、出、回、控、泄等油口的位置，严禁装错。安装液压阀时要注意零部件的质量，对密封件要仔细检查，并且不要装错。安装时要注意清洁，不准戴手套进行安装，不准用纤维制品擦拭安装结合面，防止纤维类脏物侵入阀内。用塑料布或堵头密封各接头体油口，以防污染。

（3）按设计图样的规定和要求安装液压泵。安装前确认液压元件的型号、规格是否正确，并清洗干净各安装端面。紧固液压泵地脚螺钉时，螺钉受力应均匀并牢固可靠。

（4）空运转。向油泵内注满液压油，打开液压油缸排气口，点动电动机，使油泵运转一两转，观察油泵的转向是否正确，有无异常、噪声等；点动三五次，每次点动的时间逐渐延长，直到油泵正常运转，排出液压传动系统中的空气后，拧紧液压缸的排气口螺钉。油泵运行 5 h 后，将油泵调整到压力为 20 MPa，排量为额定流量的 75%。

（5）调整系统溢流阀到规定的压力值，使油泵在工作状态下运行，观察有无异常声响，压力是否稳定；检查系统管路、元件结合处是否有漏油，调整压力后，锁紧螺杆。

（6）调试工作台运动动作。启动系统，检查工作台是否能往复运动，调节节流阀，检查运动速度是否有变化。

（7）调试工作台液动与手动动作。通过调节手动/液动方式，检查工作台是否能在手动/液动方式下工作，是否能够实现互锁。

（8）调试砂轮架动作。检查砂轮架能否实现快速进给和工作进给动作，调节节流阀，检查进给量是否有变化。

（9）调试尾座顶尖动作。检查尾座顶尖能否实现松开和夹紧动作，检查砂轮架处于前退位置时能否松开。

（10）在将系统调至低于最大负载和速度的条件下试车，进一步检查系统的运行质量和存在的问题，若试车正常，则逐渐将压力阀和流量阀调到规定值进行试车。空载试车后，将压力调整到额定压力的 1.25 倍进行试压，保压 15 min，油温在 50 ℃下，检查零部件是否渗漏、变形。将液压设备调整到额定压力的 1.25 倍，运行 5 h 后，检查液压油油温是否超过 60 ℃，液压传动系统中油管、换向阀、元件是否漏油。

（11）设备调试完毕后，清理回油滤芯器内的脏物。

4. 任务实施评价

安装与调试 M1432A 型万能外圆磨床液压传动系统评分标准见表 6-2。

表 6-2　安装与调试 M1432A 型万能外圆磨床液压传动系统的评分标准

序号	评价内容	配分	评分建议	自检记录	交检记录	得分
1	液压元件检查	10	漏检一处扣 2 分			
2	液压胶管、阀块、油缸、油箱等的清洗	10	漏洗一处扣 2 分			
3	液压元件安装	40	每错一处扣 5 分			
4	调试及运转	30	每错一处扣 5 分			
5	工量具的使用	10	错误使用，每次扣 2 分			
6	安全文明生产		违者每次扣 2 分，严重者扣 5～10 分			

任务二　安装与调试 JS-1 型液压机械手液压传动系统

1. 任务分析

根据图 6-2 所示的 JS-1 型液压机械手液压传动系统原理图，完成该液压传动系统的安装与调试，工时定额 8 h。

动画

JS-1 型液压机械手液压系统工作原理

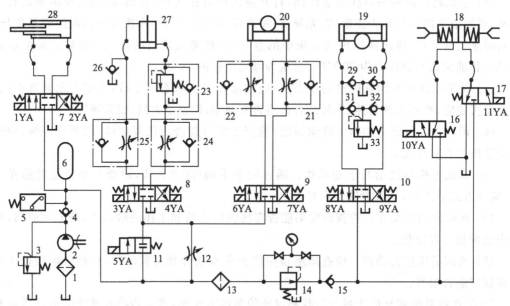

1、13—滤油器；2—液压泵；3、33—溢流阀；4、15、26、29～32—单向阀；5—压力继电器；6—蓄能器；7～11、16、17—换向阀；12—节流阀；14—减压阀；18～20、27、28—液压缸；21、22、24、25—单向节流阀；23—顺序阀。

图 6-2　JS-1 型液压机械手液压传动系统原理图

JS-1 型液压机械手液压传动系统工作原理分析见表 6-3。

表 6-3 JS-1 型液压机械手液压传动系统工作原理分析

动作顺序		动 作 分 析	说 明
手臂 回转	快速 回转	电磁铁 5YA 通电,换向阀 11 左位接入系统,手臂在齿条液压缸 20 的驱动下可快速回转,若 7YA 通电而 6YA 断电,电磁换向阀 9 右位接入系统,则手臂顺时针快速转动。 进油路:滤油器 1→液压泵 2→单向阀 4→换向阀 11→换向阀 9→单向节流阀 21 的单向阀→液压缸 20 右腔。 回油路:液压缸 20 左腔→单向节流阀 22 的节流阀→换向阀 9→油箱。 若电磁铁 5YA、6YA 通电而 7YA 断电,则手臂可实现逆时针快速转动	电磁铁 6YA、7YA 的通断电可控制手臂的回转方向。 手臂快速转动速度由单向节流阀 21、22 调节
	慢速 回转	若电磁铁 5YA、6YA 断电而 7YA 通电,则换向阀 11、9 右位接入系统,手臂顺时针慢速转动。 进油路:滤油器 1→液压泵 2→单向阀 4→节流阀 12→换向阀 9→单向节流阀 21 的单向阀→液压缸 20 右腔。 回油路:液压缸 20 左腔→单向节流阀 22 的节流阀→换向阀 9→油箱。 若电磁铁 5YA、7YA 断电而 6YA 通电,则手臂可实现逆时针慢速转动	手臂慢速转动速度由节流阀 12 调节
手臂 上下 运动	快速 移动	电磁铁 5YA 通电,换向阀 11 左位接入系统,手臂在液压缸 27 的驱动下可快速上下运动,若 3YA 通电而 4YA 断电,电磁换向阀 8 左位接入系统,则手臂快速向下运动。 进油路:滤油器 1→液压泵 2→单向阀 4→换向阀 11→换向阀 8→单向节流阀 25 的单向阀→液压缸 27 上腔。 回油路:液压缸 27 下腔→顺序阀 23 的顺序阀→单向节流阀 24 的节流阀→换向阀 8→油箱。 若电磁铁 5YA、4YA 通电而 3YA 断电,则手臂可实现快速向上运动	电磁铁 3YA、4YA 的通断电可控制手臂的上下运动方向。 手臂快速运动速度由单向节流阀 24、25 调节。顺序阀 23 使液压缸下腔保持一定的背压,以便与重力负载相平衡,而避免手臂在下行中因自重而超速下滑。单向阀 26 在手臂快速向下运动时,可起到补充油液的作用
	慢速 移动	若电磁铁 5YA、4YA 断电,而 3YA 通电,则换向阀 11 右位、换向阀 8 左位接入系统,手臂慢速向下运动。 进油路:滤油器 1→液压泵 2→单向阀 4→节流阀 12→换向阀 8→单向节流阀 25 的单向阀→液压缸 27 上腔。 回油路:液压缸 27 下腔→顺序阀 23→单向节流阀 24 的节流阀→换向阀 8→油箱。 若电磁铁 5YA、3YA 断电而 4YA 通电,则手臂可实现慢速向上运动	手臂慢速运动速度由节流阀 12 调节

续　表

动作顺序	动　作　分　析	说　　明
手臂伸缩	电磁铁 2YA 通电而 1YA 断电,换向阀 7 右位接入系统,手臂在液压缸 28 驱动下可快速伸出。 进油路:滤油器 1→液压泵 2→单向阀 4→换向阀 7→液压缸 28 右腔。 回油路:液压缸 28 左腔→换向阀 7→油箱。 若电磁铁 1YA 通电而 2YA 断电,换向阀 7 左位接入系统,则手臂在液压缸 28 驱动下可快速缩回	
手腕回转	电磁铁 8YA 通电而 9YA 断电,换向阀 10 左位接入系统,手腕在齿条液压缸 19 驱动下顺时针快速回转。 进油路:滤油器 1→液压泵 2→单向阀 4→精滤油器 13→减压阀 14→单向阀 15→换向阀 10→液压缸 19 左腔。 回油路:液压缸 19 右腔→换向阀 10→油箱。 若 9YA 通电而 8YA 断电,换向阀 10 右位接入系统,手腕在齿条液压缸 19 驱动下逆时针快速回转	单向阀 29、30 在手腕快速回转时,可起到补充油液的作用。 溢流阀 33 起安全保护作用
手指松夹	电磁铁 10YA、11YA 未通电时,手指在弹簧力的作用下处于夹紧工件状态;若 10YA 通电,换向阀 16 左位接入系统,左手指松开。 进油路:滤油器 1→液压泵 2→单向阀 4→精滤油器 13→减压阀 14→单向阀 15→换向阀 16→液压缸 18 左腔。 回油路:液压缸 18 右腔→换向阀 17→油箱。 若电磁铁 11YA 通电,换向阀 17 右位接入系统,则右手指松开	

注意事项:

(1) 正确分析 JS-1 型液压机械手液压传动系统工作原理,充分了解各元件之间的连接关系。

(2) 正确使用工量具,物品摆放要整齐。

(3) 各液压元件、辅件在安装前应清洗干净。

(4) 安装液压阀时应保持轴线水平,油口位置不能反接和接错。

(5) 密封件安装后应有一定的缩紧量,以防泄漏。

(6) 紧固螺栓应对称依次均匀拧紧,使元件与阀座平面完全接触。

(7) 元件严格按设计要求的位置安装,注意整齐、美观。

(8) 注意保持工作场所卫生,尤其不能让液压油污染环境。

2. 任务准备

(1) 准备 JS-1 型液压机械手液压传动系统图,管路布置图,液压元件,辅件及管件。

(2) 检查液压元件、辅件的型号、规格是否与清单一致。

(3) 检查液压泵、液压阀等的调节螺钉、手轮、锁紧螺母等是否完整无损。

(4) 检查液压阀,接头体所附带的密封件外观质量是否符合要求。

(5) 检查各种液压阀所安装的连接面是否平整,不允许有磕碰凹痕。

(6) 检查各液压元件上配套的附件是否齐全。

(7) 检查管件的通径、壁厚是否符合图样要求,钢管不得有腐蚀、裂痕、凹入、结疤等缺陷。

3. 操作过程

(1) 根据管路布置图安装液压管件,使用管夹和底板固定钢管,钢管不能和底板接触,避免出现摩擦现象。

(2) 按设计图样的规定和要求安装液压阀。安装时要注意进、出、回、控、泄等油口的位置,严禁装错。安装液压阀时要注意零部件的质量,对密封件要仔细检查,并且不要装错。安装时要注意清洁,不准戴手套进行安装,不准用纤维制品擦拭安装结合面,防止纤维类脏物侵入阀内。用塑料布或堵头密封各接头体油口,以防污染。

(3) 按设计图样的规定和要求安装液压泵。安装前确认液压件的型号、规格是否正确,并清洗干净各安装端面。紧固液压泵地脚螺钉时,螺钉受力应均匀并牢固可靠。

(4) 空运转。向油泵内注满液压油,打开液压缸的排气口,点动电动机,使油泵运转一两转,观察油泵的转向是否正确,有无异常、噪声等;点动三五次,每次点动的时间逐渐延长,直到油泵正常运转,排出液压传动系统中的空气后,拧紧液压缸上的排气口螺钉。油泵运行 1 h 后,将油泵调整到压力为 5 MPa,排量为额定流量的 75%。

(5) 调整系统溢流阀到规定的压力值,使油泵在工作状态下运行,观察有无异常声响,压力是否稳定;检查系统管路、元件结合处是否漏油,调整压力后,锁紧螺杆。

(6) 调试手臂回转运动动作。启动手臂回转动作,检查手臂是否能回转运动,调节节流阀,检查运动速度是否有变化。

(7) 调试手臂上下运动动作。启动手臂上下动作,检查手臂是否能上下运动,调节节流阀,检查运动速度是否有变化。

(8) 调试手臂伸缩运动动作。启动手臂伸缩动作,检查手臂是否能伸缩运动。

(9) 调试手腕回转运动动作。启动手腕回转动作,检查手腕是否能回转运动。

(10) 调试手腕松夹运动动作。启动手腕松夹动作,检查手腕是否能松夹运动。

(11) 在将系统调至低于最大负载和速度的条件下试车,进一步检查系统的运行质量和存在的问题,若试车正常,则逐渐将压力阀和流量阀调到规定值进行试车。空载试车后,将压力调整到额定压力的 1.25 倍进行试压,保压 15 min,油温在 50 ℃下,检查零部件是否渗漏、变形。将液压设备调整到额定压力的 1.25 倍,运行 5 h 后,检查液压油油温是否超过 60 ℃,液压系统油管、换向阀、元件是否漏油。

(12) 设备调试完毕后,清理回油滤芯器内的脏物。

4. 任务实施评价

安装与调试 JS-1 型液压机械手液压传动系统的评分标准见表 6-4。

表 6-4　安装与调试 JS-1 型液压机械手液压传动系统的评分标准

序号	评价内容	配分	评分建议	自检记录	交检记录	得分
1	液压元件检查	10	漏检一处扣 2 分			
2	液压胶管、阀块、油缸、油箱等的清洗	10	漏洗一处扣 2 分			
3	液压元件安装	40	每错一处扣 5 分			

续　表

序号	评价内容	配分	评分建议	自检记录	交检记录	得分
4	调试及运转	30	每错一处扣 5 分			
5	工量具的使用	10	错误使用,每次扣 2 分			
6	安全文明生产		违者每次扣 2 分,严重者扣 5～10 分			

任务三　安装与调试 MJ-50 型数控车床液压传动系统

1. 任务分析

按图 6-3 所示的 MJ-50 型数控车床液压传动系统原理图,完成该液压传动系统的安装与调试,工时定额 6 h。

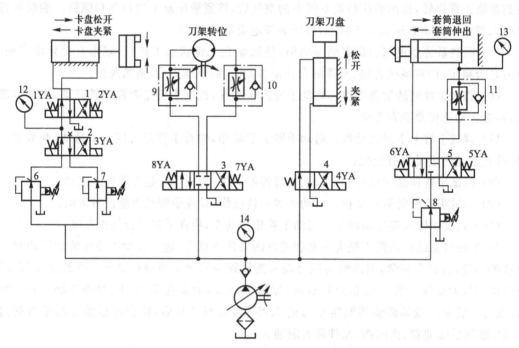

1、2、4—二位四通电磁换向阀;3、5—三位四通电磁换向阀;6～8—减压阀;
9～11—单向调速阀;12～14—压力表。

图 6-3　MJ-50 型数控车床液压传动系统原理图

MJ-50 型数控车床液压传动系统工作原理分析见表 6-5,电磁铁动作顺序见表 6-6。

注意事项:

(1) 正确分析 MJ-50 型数控车床液压传动系统工作原理,充分了解各元件之间的连接关系。

(2) 正确使用工量具,物品摆放要整齐。

(3) 各液压元件、辅件在安装前应清洗干净。

(4) 安装液压阀时应保持轴线水平,油口位置不能反接和接错。

(5) 密封件安装后应有一定的缩紧量,以防泄漏。

表 6-5　MJ-50 型数控车床液压传动系统工作原理分析

动作顺序	动 作 分 析	说 明
卡盘的夹紧与松开	主轴卡盘的夹紧与松开,由二位四通电磁换向阀 1 控制。卡盘的高压夹紧与低压夹紧的转换,由二位四通电磁换向阀 2 控制。 　　当卡盘处于正卡(也称外卡)且在高压夹紧状态下(3YA 断电),夹紧力的大小由减压阀 6 来调整,由压力表 12 显示卡盘的压力。当 1YA 通电、2YA 断电时,系统压力油经阀 6→阀 2→阀 1→进入液压缸右腔,液压缸左腔的油液经阀 1 直接回油箱,活塞杆左移,卡盘夹紧;反之,当 1YA 断电、2YA 通电时,卡盘松开。 　　当卡盘处于正卡且在低压夹紧状态下(3YA 通电),夹紧力的大小由减压阀 7 来调整。当 1YA、3YA 通电时,系统压力油经阀 7→阀 2→阀 1→液压缸右腔;液压缸左腔的油液→阀 1→油箱。活塞杆左移,卡盘夹紧。反之,当 2YA、3YA 通电时,卡盘松开	卡盘反卡(也称内卡)的过程与正卡类似,所不同的是,卡爪外张为夹紧,内缩为松开
回转刀架的松夹及正反转	刀盘的夹紧与松开,由一个二位四通电磁换向阀 4 控制,当 4YA 通电时刀盘松开,断电时刀盘夹紧,消除了加工过程中突然停电所引起的事故隐患。刀盘的旋转有正转和反转两个方向,它由一个三位四通电磁换向阀 3 控制,其旋转速度分别由单向调速阀 9 和 10 控制。 　　当 4YA 通电时,阀 4 右位工作,刀盘松开;当 7YA 断电、8YA 通电时,系统压力油经阀 3→调速阀 9→液压马达,刀架正转;当 7YA 通电、8YA 断电时,刀架反转;当 4YA 断电时,阀 4 左位工作,刀盘夹紧	回转刀架换刀时,首先是刀盘松开,然后刀盘转到指定的刀位,最后刀盘夹紧
尾座套筒伸缩动作	尾座套筒的伸出与退回由一个三位四通电磁换向阀 5 控制。 　　当 5YA 通电、6YA 断电时,系统压力油经减压阀 8→阀 5(右位)→阀 11→液压缸有杆腔;液压缸无杆腔→阀 5→油箱,套筒伸出。套筒伸出时的工作预紧力大小通过减压阀 8 来调整,并由压力表 13 显示出来,伸出速度由调速阀 11 控制。反之,当 5YA 断电、6YA 通电时,套筒退回	

表 6-6　MJ-50 型数控车床电磁铁动作顺序

动作顺序			电 磁 铁							
			1YA	2YA	3YA	4YA	5YA	6YA	7YA	8YA
卡盘正卡	高压	夹紧	+	−	−					
		松开	−	+	−					
	低压	夹紧	+	−	−					
		松开	−	+	+					
卡盘反卡	高压	夹紧	−	+	−					
		松开	+	−	−					
	低压	夹紧	−	+	+					
		松开	+	−	+					

动作顺序		电 磁 铁							
		1YA	2YA	3YA	4YA	5YA	6YA	7YA	8YA
回转刀架	刀架正转							−	+
	刀架反转							+	−
	刀盘松开				+				
	刀盘夹紧				−				
尾座	套筒伸出					+	−		
	套筒退回					−	+		

（6）紧固螺栓应对称依次均匀拧紧，使元件与阀座平面完全接触。

（7）元件严格按设计要求的位置安装，注意整齐、美观。

（8）注意保持工作场所卫生，尤其不能让液压油污染环境。

2. 任务准备

（1）准备 MJ-50 型数控车床液压传动系统图，管路布置图，液压元件，辅件及管件。

（2）检查液压元件、辅件的型号、规格是否与清单一致。

（3）检查液压泵、液压阀等的调节螺钉、手轮、锁紧螺母等是否完整无损。

（4）检查液压阀，接头体所附带的密封件外观质量是否符合要求。

（5）检查各种液压阀所安装的连接面是否平整，不允许有磕碰凹痕。

（6）检查各液压元件上配套的附件是否齐全。

（7）检查管件的通径、壁厚是否符合图样要求，钢管不得有腐蚀、裂痕、凹入、结疤等缺陷。

3. 操作过程

（1）根据管路布置图安装液压管件，使用管夹和底板固定钢管，钢管不能和底板接触，避免出现摩擦现象。

（2）按设计图样的规定和要求安装液压阀。安装时要注意进、出、回、控、泄等油口的位置，严禁装错。安装液压阀时要注意零部件的质量，对密封件质量要仔细检查，并且不要装错。安装时要注意清洁，不准戴手套进行安装，不准用纤维制品擦拭安装结合面，防止纤维类脏物侵入阀内。用塑料布或堵头密封各接头体油口，以防污染。

（3）按设计图样的规定和要求安装液压泵。安装前确认液压元件的型号、规格是否正确，并清洗干净各安装端面。紧固液压泵地脚螺钉时，螺钉受力应均匀并牢固可靠。

（4）空运转。向油泵内注满液压油，打开液压油缸的排气口，点动电动机，使油泵运转一两转，观察油泵的转向是否正确，有无异常、噪声等；点动三五次，每次点动的时间逐渐延长，直到油泵正常运转，排出液压传动系统中的空气后，拧紧液压缸上的排气口螺钉。油泵运行 5 h 后，将油泵调整到压力为 20 MPa，排量为额定流量的 75%。

（5）调整系统溢流阀到规定的压力值，使油泵在工作状态下运行，观察有无异常声响，压力是否稳定；检查系统管路、元件结合处是否漏油，调整压力后，锁紧螺杆。

（6）调试卡盘的夹紧与松开动作。启动系统，检查卡盘在高压、低压状态下是否能实现夹紧与松开动作。

（7）调试刀架回转、刀盘松夹动作。检查刀架是否能实现回转动作；检查刀盘是否能实现松开和夹紧动作；检查回转刀架换刀时，顺序是否是刀盘先松开，然后刀盘转到指定的刀位，最后刀盘夹紧。

（8）调试尾座套筒伸缩动作。检查尾座套筒是否能实现松开和夹紧动作。

（9）在将系统调至低于最大负载和速度的条件下试车，进一步检查系统的运行质量和存在的问题。若试车正常，则逐渐将压力阀和流量阀调到规定值进行试车。空载试车后，将压力调整到额定压力的 1.25 倍进行试压，保压 15 min，油温在 50 ℃下，检查零部件是否渗漏、变形。将液压设备调整到额定压力的 1.25 倍，运行 5 h 后，检查液压油油温是否超过 60 ℃，液压传动系统中油管、换向阀、元件是否漏油。

（10）设备调试完毕后，清理回油滤芯器内的脏物。

4. 任务实施评价

安装与调试 MJ-50 型数控车床液压传动系统的评分标准见表 6-7。

表 6-7　安装与调试 MJ-50 型数控车床液压传动系统的评分标准

序号	评价内容	配分	评分建议	自检记录	交检记录	得分
1	液压元件检查	10	漏检一处扣 2 分			
2	液压胶管、阀块、油缸、油箱等的清洗	10	漏洗一处扣 2 分			
3	液压元件安装	40	每错一处扣 5 分			
4	调试及运转	30	每错一处扣 5 分			
5	工量具的使用	10	错误使用，每次扣 2 分			
6	安全文明生产		违者每次扣 2 分，严重者扣 5~10 分			

任务四　安装与调试汽车起重机液压传动系统

1. 任务分析

按图 6-4 所示的 Q2-8 型汽车起重机液压传动系统原理图，完成该液压传动系统的安装与调试，工时定额 7 h。

Q2-8 型汽车起重机液压传动系统工作原理分析见表 6-8，工作情况见表 6-9。

注意事项：

（1）正确分析 Q2-8 型汽车起重机液压传动系统工作原理，充分了解各元件之间的连接关系。

（2）正确使用工量具，物品摆放要整齐。

（3）各液压元件、辅件在安装前应清洗干净。

（4）安装液压阀时应保持轴线水平，油口位置不能反接和接错。

（5）密封件安装后应有一定的缩紧量，以防泄漏。

（6）紧固螺栓应对称依次均匀拧紧，使元件与阀座平面完全接触。

（7）元件严格按设计要求的位置安装，注意整齐、美观。

（8）注意保持工作场所卫生，尤其不能让液压油污染环境。

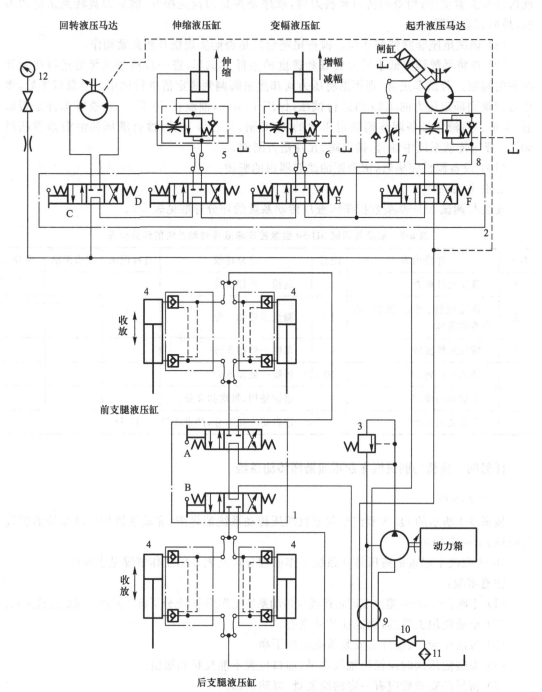

1、2—多路换向阀组；3—安全阀；4—双向液压锁；5、6、8—平衡阀；7—单向节流阀；9—旋转接头；
10—开关；11—滤油器；12—压力表；A、B、C、D、E、F—手动换向阀。

图 6-4　Q2-8 型汽车起重机液压传动系统原理图

表 6-8 Q2-8 型汽车起重机液压传动系统工作原理分析

动作顺序		动 作 分 析	说 明
支腿收放	前支腿	进油路:动力箱→液压泵→多路换向阀组 1 中的阀 A→两个前支腿缸进油腔。 回油路:两个前支腿液压缸回油腔→多路换向阀组 1 中的阀 A→阀 B 中位→旋转接头 9→多路换向阀组 2 中阀 C、D、E、F 的中位→旋转接头 9→油箱	每个液压缸均设有双向锁紧回路,以确保支腿的可靠性,避免作业过程中发生"软腿"或行车过程中支腿滑落现象
	后支腿	进油路:动力箱→液压泵→多路换向阀组 1 中的阀 A 的中位→阀 B→两个后支腿缸进油腔。 回油路:两个后支腿液压缸回油腔→多路换向阀组 1 中的阀 A 的中位→阀 B→旋转接头 9→多路换向阀组 2 中阀 C、D、E、F 的中位→旋转接头 9→油箱	
吊臂回转		进油路:动力箱→液压泵→多路换向阀组 1 中的阀 A、阀 B 中位→旋转接头 9→多路换向阀组 2 中的阀 C→回转液压马达进油腔。 回油路:回转液压马达回油腔→多路换向阀组 2 中的阀 C→多路换向阀组 2 中的阀 D、E、F 的中位→旋转接头 9→油箱	系统中用多路换向阀组 2 中的手动换向阀 C 来实现转盘正转、反转和锁定不动三种工况
吊臂伸缩		进油路:动力箱→液压泵→多路换向阀组 1 中的阀 A、阀 B 中位→旋转接头 9→多路换向阀组 2 中的阀 C 中位→换向阀 D→伸缩缸进油腔。 回油路:伸缩缸回油腔→多路换向阀组 2 中的阀 D→多路换向阀组 2 中的阀 E、F 的中位→旋转接头 9→油箱	油路采用平衡回路以防止吊臂因自重而下落
吊臂变幅		进油路:动力箱→液压泵→阀 A 中位→阀 B 中位→旋转接头 9→阀 C 中位→阀 D 中位→阀 E→变幅缸进油腔。 回油路:变幅缸回油腔→阀 E→阀 F 中位→旋转接头 9→油箱	油路采用平衡回路以防止吊臂在变幅作业时因自重而下落
起重机起降		进油路:动力箱→液压泵→阀 A 中位→阀 B 中位→旋转接头 9→阀 C 中位→阀 D 中位→阀 E 中位→阀 F→卷扬机马达进油腔。 回油路:卷扬机马达回油腔→阀 F→旋转接头 9→油箱	通过改变汽车发动机的转速从而改变液压泵的输出流量和液压马达的输入流量,进而来改变起重机的起升速度。 在液压马达的回油路上采用平衡回路,以防止重物自由落下

表 6-9 Q2-8 型汽车起重机液压传动系统的工作情况

手动换向阀位置						系统工作情况						
阀 A	阀 B	阀 C	阀 D	阀 E	阀 F	前支腿液压缸	后支腿液压缸	回转液压马达	伸缩液压缸	变幅液压缸	起升液压马达	制动液压缸
左位	中位					伸出	不动	不动	不动	不动	不动	制动
右位	中位	中位				缩回	不动	不动	不动	不动	不动	制动
中位	左位	中位	中位			不动	伸出	不动	不动	不动	不动	制动
中位	右位	中位	中位	中位		不动	缩回	不动	不动	不动	不动	制动
中位	中位	左位	中位	中位		不动	不动	正转	不动	不动	不动	制动
中位	中位	右位	中位	中位	中位	不动	不动	反转	不动	不动	不动	制动
中位	中位	中位	左位	中位	中位	不动	不动	不动	缩回	不动	不动	制动
中位	中位	中位	右位	中位	中位	不动	不动	不动	伸出	不动	不动	制动
中位	中位	中位	中位	左位	中位	不动	不动	不动	不动	减幅	不动	制动
中位	中位	中位	中位	右位	中位	不动	不动	不动	不动	增幅	不动	制动
中位	中位	中位	中位	中位	左位	不动	不动	不动	不动	不动	正转	松开
中位	中位	中位	中位	中位	右位	不动	不动	不动	不动	不动	反转	松开

2. 任务准备

（1）准备 Q2-8 型汽车起重机液压传动系统图，管路布置图，液压元件，辅件及管件。

（2）检查液压元件、辅件的型号、规格是否与清单一致。

（3）检查液压泵、液压阀等的调节螺钉、手轮、锁紧螺母等是否完整无损。

（4）检查液压阀，接头体所附带的密封件外观质量是否符合要求。

（5）检查各种液压阀所安装的连接面是否平整，不允许有磕碰凹痕。

（6）检查各液压元件上配套的附件是否齐全。

（7）检查管件的通径、壁厚是否符合图样要求，钢管不得有腐蚀、裂痕、凹入、结疤等缺陷。

3. 操作过程

（1）根据管路布置图安装液压管件，使用管夹和底板固定钢管，钢管不能和底板接触，避免出现摩擦现象。

（2）按设计图样的规定和要求安装液压阀。安装时要注意进、出、回、控、泄等油口的位置，严禁装错。安装液压阀时要注意零部件的质量，对密封件质量要仔细检查，并且不要装错。安装时要注意清洁，不准戴手套进行安装，不准用纤维制品擦拭安装结合面，防止纤维类脏物侵入阀内。用塑料布或堵头密封各接头体油口，以防污染。

（3）按设计图样的规定和要求安装液压泵。安装前确认液压元件的型号、规格是否正确,并清洗干净各安装端面。紧固液压泵地脚螺钉时,螺钉受力应均匀并牢固可靠。

（4）向油泵内注满液压油,打开液压油缸的排气口,低速运转发动机,检查有无异常、噪声等;将油泵调整到压力为 50 MPa,排量为额定流量的 75%。

（5）调整系统溢流阀到规定的压力值,排出液压传动系统中的空气后,拧紧液压缸上的排气口螺钉。使油泵在工作状态下运行,观察有无异常声响,压力是否稳定;检查系统管路、元件结合处是否有漏油,压力调整后,锁紧螺杆。

（6）调试支腿收放运动。检查前、后支腿是否能收起和放下,收起或放下后能否锁紧。

（7）调试吊臂回转、伸缩、变幅运动。检查吊臂是否能实现回转、伸缩、变幅运动,动作是否平稳、可靠。

（8）调试起重机起降运动。检查起重机是否能实现起降,动作是否平稳、可靠。改变汽车发动机转速,检查起重机起升速度是否改变。

（9）在将系统调至低于最大负载和速度的条件下试车,进一步检查系统的运行质量和存在的问题,若试车正常,则逐渐将压力阀和流量阀调到规定值进行试车。空载试车后,将压力调整到额定压力的 1.25 倍进行试压,保压 15 min,油温在 50 ℃下,检查零部件是否渗漏、变形。将液压设备调整到额定压力的 1.25 倍,运行 5 h 后,检查液压油油温是否超过 60 ℃,液压传动系统中的油管、换向阀、元件是否漏油。

（10）设备调试完毕后,清理回油滤芯器内的脏物。

4. 任务实施评价

安装与调试 Q2-8 型汽车起重机液压传动系统的评分标准见表 6-10。

表 6-10 安装与调试 Q2-8 型汽车起重机液压传动系统的评分标准

序号	评价内容	配分	评分建议	自检记录	交检记录	得分
1	液压元件检查	10	漏检一处扣 2 分			
2	液压胶管、阀块、油缸、油箱等的清洗	10	漏洗一处扣 2 分			
3	液压元件安装	40	每错一处扣 5 分			
4	调试及运转	30	每错一处扣 5 分			
5	工量具的使用	10	错误使用,每次扣 2 分			
6	安全文明生产		违者每次扣 2 分,严重者扣 5～10 分			

任务五 安装与调试 YA32-200 型四柱万能液压机液压传动系统

1. 任务分析

按图 6-5 所示的 YA32-200 型四柱万能液压机液压传动系统原理图,完成该液压传动系统的安装与调试,工时定额 8 h。

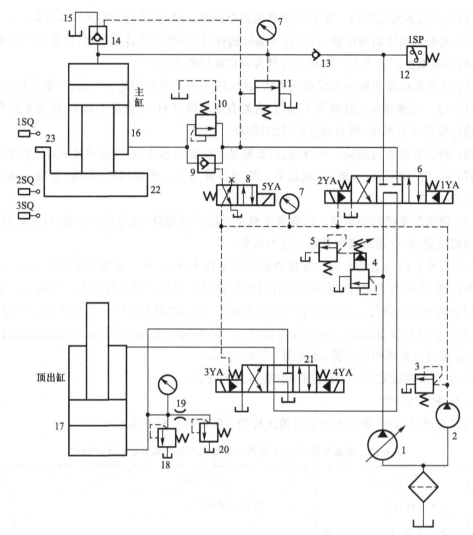

动画

YA32-200 型
四柱万能液
压机液压系
统工作原理

1—变量泵;2—辅助泵;3、4—溢流阀;5—远程调压阀;6、21—换向阀;7—压力表;8—电磁换向阀;
9—液控单向阀;10、20—背压阀;11—卸荷阀(带阻尼孔);12—压力继电器;13—单向阀;14—充液阀(带卸载阀芯);
15—油箱;16—主缸;17—顶出缸;18—安全阀;19—节流器;22—滑块;23—挡铁。

图 6-5　YA32-200 型四柱万能液压机液压传动系统原理图

YA32-200 型四柱万能液压机液压传动系统工作原理分析见表 6-11。

注意事项:

(1)正确分析 YA32-200 型四柱万能液压机液压传动系统工作原理,充分了解各元件之间的连接关系。

(2)正确使用工量具,物品摆放要整齐。

(3)各液压元件、辅件在安装前应清洗干净。

(4)安装液压阀时应保持轴线水平,油口位置不能反接和接错。

(5)密封件安装后应有一定的缩紧量,以防泄漏。

(6)紧固螺栓应对称依次均匀拧紧,使元件与阀座平面完全接触。

表 6-11 YA32-200 型四柱万能液压机液压传动系统原理分析

动作顺序		动 作 分 析	说 明
主缸运动	快速下行	换向阀 6 上的电磁铁 1YA 和电磁阀 8 上的电磁铁 5YA 得电,换向阀 6 处于右位,控制油液经阀 8 使液控单向阀 9 开启,油液流回油箱。 进油路:变量泵 1→换向阀 6 的右位→单向阀 13→主缸 16 上腔。 回油路:主缸 16 下腔→液控单向阀 9→换向阀 6 右位→换向阀 21 中位→油箱	主缸滑块在自身重力作用下迅速下滑,这时虽然主泵处于最大流量,但还是不能满足系统要求,这时主缸上腔形成负压,油箱 15 的油液经充液阀 14 流到主缸上腔
	慢速接近工件、加压	当滑块 22 迅速下滑,挡铁 23 碰到行程开关 2SQ 后,5YA 失电,阀 9 关闭,主缸 16 下腔油液经背压阀 10、换向阀 6 右位、换向阀 21 中位回油箱。这时,主缸 16 上腔压力升高,充液阀 14 关闭,主缸 16 在变量泵 1 供给的压力油下慢速接近工件。 进油路:变量泵 1→换向阀 6 的右位→单向阀 13→主缸 16 上腔。 回油路:主缸 16 下腔→背压阀 10→换向阀 6 右位→换向阀 21 中位→油箱	接触工件后阻力急剧上升,上腔压力进一步提高,泵 1 的输出流量自动减小
	保压	当主缸上腔压力达到预定值时,压力继电器 1SP 12 发信号,使 1YA 失电,换向阀 6 回中位,主缸上、下腔封闭,单向阀 13 和充液阀 14 的锥面保证了良好的密封性,使主缸保压。保压期间,泵经换向阀 6、21 的中位卸载	保压的时间是由时间继电器决定的
	泄压、快速回程	当保压到一定时间,时间继电器动作发出信号,使 2YA 得电,换向阀 6 换成左位,由于主缸 16 上腔的压力很高,使卸荷阀 11 开启,泵 1 输出的压力油经阀 11 流回油箱,油泵在低压下工作,此压力不足以打开充液阀的主阀芯,而使阀 14 中的卸压阀开启,使主缸 16 的上腔泄压。当主缸上腔的压力低于一定的值时,压力继电器 12 复位,同时阀 11 关闭,泵 1 的供油压力升高,阀 14 全部开启,压力油进入上缸的下腔,上腔排油,上缸快速向上运动。 进油路:泵 1→换向阀 6 左位→液控单向阀 9→主缸 16 下腔。 回油路:主缸 16 上腔→充液阀 14→油箱 15	
	停止	当主缸 16 的滑块上升至触动行程开关 1SQ 时,使 2YA 失电,换向阀 6 处于中位,液控单向阀 9 将上缸下腔封闭,主缸 16 原位不动,泵 1 卸荷	
顶出缸	顶出	电磁铁 3YA 通电,压力油进入顶出缸 17 的下腔,顶出缸向上运动将冲压件顶出。 进油路:泵 1→换向阀 6 中位→换向阀 21 左位→顶出缸下腔。 回油路:顶出缸上腔→换向阀 21 左位→油箱	
	退回	将工件顶出后,使 3YA 断电,4YA 通电,压力油进入顶出缸的上腔,顶出缸退回	
	浮动压边	做薄板拉伸压边时,要求顶出缸活塞上行到一定位置后,保持一定的压力,又能随主缸滑快的下行而退让。这时阀 21 处于中位,顶出缸下行靠克服背压阀的背压而下行,缸 17 上腔经阀 21 补油	

(7) 元件严格按设计要求的位置安装,注意整齐、美观。

(8) 注意保持工作场所卫生,尤其不能让液压油污染环境。

2. 任务准备

(1) 准备 YA32-200 型四柱万能液压机液压传动系统图,管路布置图,液压元件,辅件及管件。

(2) 检查液压元件、辅件的型号、规格是否与清单一致。

(3) 检查液压泵、液压阀等的调节螺钉、手轮、锁紧螺母等是否完整无损。

(4) 检查液压阀,接头体所附带的密封件外观质量是否符合要求。

(5) 检查各种液压阀所安装的连接面是否平整,不允许有磕碰凹痕。

(6) 检查各液压元件上配套的附件是否齐全。

(7) 检查管件的通径、壁厚是否符合图样要求,钢管不得有腐蚀、裂痕、凹入、结疤等缺陷。

3. 操作过程

(1) 根据管路布置图安装液压管件,使用管夹和底板固定钢管,钢管不能和底板接触,避免出现摩擦现象。

(2) 按设计图样的规定和要求安装液压阀。安装时要注意进、出、回、控、泄等油口的位置,严禁装错。安装液压阀时要注意零部件的质量,对密封件质量要仔细检查,并且不要装错。安装时要注意清洁,不准戴手套进行安装,不准用纤维制品擦拭安装结合面,防止纤维类脏物侵入阀内。用塑料布或堵头密封各接头体油口,以防污染。

(3) 按设计图样的规定和要求安装液压泵。安装前确认液压件的型号、规格是否正确,并清洗干净各安装端面。紧固液压泵地脚螺钉时,螺钉受力应均匀并牢固可靠。

(4) 空运转,向油泵内注满液压油,打开液压油缸的排气口,点动电动机,使油泵运转一两转,观察油泵的转向是否正确,有无异常、噪声等;点动三五次,每次点动的时间逐渐延长,排出液压传动系统中的空气后,拧紧液压缸上的排气口螺钉。直到油泵正常运转、油泵运行 5 h 后,将油泵调整到压力为 20 MPa,排量为额定流量的 75%。

(5) 调整系统溢流阀到规定的压力值,使油泵在工作状态下运行,观察有无异常声响,压力是否稳定;检查系统管路、元件结合处是否有漏油,调整压力后,锁紧螺杆。

(6) 调试主缸运动。启动系统,检查主缸是否按照快速下行、慢速接近工件、加压、保压、泄压、快速回程和停止动作执行。调节时间继电器,检查保压时间是否有变化。

(7) 调试顶出缸运动。检查顶出缸是否按照顶出、退回、浮动压边动作执行。

(8) 在将系统调至低于最大负载和速度的条件下试车,进一步检查系统的运行质量和存在的问题,若试车正常,则逐渐将压力阀和流量阀调到规定值进行试车。空载试车后,将压力调整到额定压力的 1.25 倍进行试压,保压 15 min,油温在 50 ℃下,检查零部件是否渗漏、变形。将液压设备调整到额定压力的 1.25 倍,运行 5 h 后,检查液压油油温是否超过 60 ℃,液压传动系统中的油管、换向阀、元件是否漏油。

(9) 设备调试完毕后,清理回油滤芯器内的脏物。

4. 任务实施评价

安装与调试 YA32-200 型四柱万能液压机液压传动系统的评分标准见表 6-12。

表 6-12　安装与调试 YA32-200 型四柱万能液压机液压传动系统的评分标准

序号	评价内容	配分	评分建议	自检记录	交检记录	得分
1	液压元件检查	10	漏检一处扣 2 分			
2	液压胶管、阀块、油缸、油箱等的清洗	10	漏洗一处扣 2 分			
3	液压元件安装	40	每错一处扣 5 分			
4	调试及运转	30	每错一处扣 5 分			
5	工量具的使用	10	错误使用,每次扣 2 分			
6	安全文明生产		违者每次扣 2 分,严重者扣 5～10 分			

四、知识拓展

液压传动系统常见故障及排除方法

液压设备一般由机械部分、液压传动系统、电气系统等组合而成,出现的故障也是多种多样的。某一个故障可能由多种因素引起,所以,分析液压传动系统故障必须能看懂液压传动系统原理图,这样才能根据故障现象进行分析、判断。针对多种因素引起的故障须逐一分析原因,抓住主要矛盾,才能较好地解决和排除故障。常用液压传动系统故障诊断方法有简易故障诊断法、原理图分析法等。简易故障诊断法是应用最普遍的方法,主要依靠维修人员个人经验,利用简单仪表,根据液压传动系统出现的故障,采用问、看、听、摸、闻等方式了解系统的工作情况,分析、诊断、确定产生故障的原因和部位。简易故障诊断法是一个简易的定性分析方法,对快速判断和排除故障,具有较强的实用性。原理图分析法是根据液压传动系统原理图分析液压传动系统出现的故障,找出故障产生的部位及原因,并提出排除故障的方法。

液压传动系统常见故障及排除方法见表 6-13。

表 6-13　液压传动系统常见故障及排除方法

故障现象	原　因	消除方法
液压传动系统噪声大、振动大	液压泵中的噪声、振动引起管路、油箱共振	液压泵的进、出油口用软管连接; 将电动机和液压泵单独装在底座上,和油箱分开; 加大液压泵功率,降低电动机转数; 在液压泵的底座和油箱下面塞入防振材料; 选择低噪声液压泵,采用立式电动机,将液压泵浸在油液中
	液压阀弹簧所引起的系统共振	改变弹簧的刚度和安装位置; 把溢流阀改成外部泄油形式; 改变管路的结构、材质等; 增加管夹,使管路不致振动; 在管路的某一部位装上节流阀

故障现象	原 因	消除方法
液压传动系统噪声大、振动大	空气进入液压缸引起的振动	排出空气; 在液压缸活塞、密封衬垫上涂抹二硫化钼润滑脂
	管路内油液激烈流动引起的噪声	加粗管路或者采用胶管; 采用曲率小的弯管; 采用消声器、蓄能器等
	油箱有共鸣声	增加油箱板厚度; 在油箱侧板、底板上增设肋板; 改变回油管末端的形状或位置
	液压阀换向时产生的冲击噪声	降低电-液动换向阀换向时的控制压力; 在控制管路或回油管路上增设节流阀; 采用电气控制方法,使两个以上的阀不能同时换向
	溢流阀、卸荷阀、液控单向阀、平衡阀等工作不良,引起的管路振动和噪声	适当处装上节流阀; 采用外泄式液压阀; 在管路中增设管夹
液压传动系统压力不足	溢流阀旁通阀损坏	修理或更换
	减压阀设定值太低	重新设定
	液压泵、液压马达、液压缸或减压阀损坏	修理或更换
液压传动系统压力不稳定	油液中混有空气	堵漏、加油、排气
	溢流阀磨损、弹簧刚性差	修理或更换
	油液污染、堵塞阀内阻尼孔	清洗、换油
	蓄能器或充气阀失效	修理或更换
	液压泵、液压马达或液压缸磨损	修理或更换
液压传动系统压力过高	减压阀、溢流阀或卸荷阀设定值错误	重新设定
	变量泵等变量机构不工作	修理或更换
	减压阀、溢流阀、卸荷阀堵塞或损坏	清洗或更换
液压传动系统压力正常,执行元件无动作	机械或电气故障	排除
	限位或顺序装置不工作或工作不正常	调整、修复或更换
	液压阀不工作	调整、修复或更换
	液压缸或液压马达损坏	修复或更换
执行元件动作太慢	液压泵输出流量不足,系统泄漏太大	检查、修复或更换
	油液黏度太高或太低	检查、调整或更换
	液压阀的控制压力不足或液压阀内阻尼孔堵塞	清洗、调整
	外负载过大	检查、调整
	液压缸或液压马达磨损严重	修理或更换

故障现象	原　因	消除方法
执行元件动作不规则	液压传动系统压力不正常	检查、调整、维修
	油液中混有空气	加油、排气
	机械或电气故障	排除
	液压缸或液压马达磨损或损坏	修理或更换
换向时产生冲击	换向时瞬时关闭、开启,造成动能或势能相互转换而产生的液压冲击	延长换向时间;设计带缓冲的阀芯;加粗管径、缩短管路
液压缸在运动中突然被制动,产生液压冲击	液压缸运动时,具有很大的动量和惯性,突然被制动,引起较大的压力增值,所以产生液压冲击	液压缸进出油口处分别设置反应快、灵敏度高的小型安全阀;在满足驱动力时尽量减少系统工作压力,或适当提高系统背压;液压缸附近安装囊式蓄能器
液压缸到达终点时产生液压冲击	液压缸运动时产生的动量和惯性与缸体发生碰撞,引起冲击	在液压缸两端设缓冲装置;液压缸进、出油口处分别设置反应快、灵敏度高的小型溢流阀;设置行程阀(开关)
液压传动系统油温过高	系统设定压力过高	调整压力
	含溢流阀、卸荷阀、压力继电器等卸荷回路的元件工作不良	改正各元件工作不正常的状况
	液压阀的漏损大,卸荷时间短	修理漏损大的液压阀
	高压小流量、低压大流量时不要由溢流阀溢流	变更回路,采用卸荷阀、变量泵
	因油液黏度低或液压泵有故障,增大了液压泵的内泄漏量,使泵壳温度升高	换油、修理、更换液压泵
	油箱内油量不足	加油,加大油箱
	油箱结构不合理	改进结构,使油箱周围温升均匀
	蓄能器容量不足或有故障	换大容量蓄能器,修理蓄能器
	冷却器容量不足,冷却器有故障,进水阀门工作不良,水量不足,油温自动调节装置有故障	加大冷却器容量,修理冷却器的故障,修理阀门,增加水量,修理调温装置
	溢流阀遥控口节流过量,卸荷的剩余压力高	进行适当调整
	管路阻力大	采用适当的管径

五、思考与练习

1. 安装液压传动系统前应做好哪些准备工作？

2. 调试液压传动系统的目的是什么，有何注意点？

3. 在图 6-3 所示的 MJ-50 型数控车床液压传动系统原理图中：

(1) 刀盘在停电时处于何种工作状况？为什么？

(2) 三个减压阀的作用是什么？

(3) 阀 9 和阀 11 的作用是什么？

(4) 该系统的液压泵有何特点？

4. 分析 M1432A 型万能外圆磨床液压传动系统中工作台左行的工作过程。

5. 分析 JS-1 型液压机液压传动系统中手指松夹的工作过程。

6. 分析 Q2-8 型汽车起重机液压传动系统中支腿收放的工作过程。

参 考 文 献

［1］车君华,李莉,商义叶.液压与气压传动技术项目化教程［M］.1 版.北京:北京理工大学出版社,2019.

［2］左健民.液压与气压传动［M］.5 版.北京:机械工业出版社,2016.

［3］刘建明,何伟利.液压与气压传动［M］.3 版.北京:机械工业出版社,2018.

［4］杨永平.液压与气动技术基础［M］.北京:化学工业出版社,2010.

［5］马振福.气动与液压传动［M］.北京:机械工业出版社,2015.

［6］人力资源和社会保障部教材办公室组织.汽车底盘构造与维修［M］.北京:中国劳动社会保障出版社,2011.

［7］韩慧仙.液压系统装配与调试［M］.北京:北京理工大学出版社,2011.

［8］杨健.液压与气动技术［M］.北京:北京邮电大学出版社,2017.

［9］宁辰校.液压气动图形符号及识别技巧［M］.北京:化学工业出版社,2012.

［10］黄志坚.看图学液压系统安装调试［M］.北京:化学工业出版社,2011.

［11］肖春芳.液压气动系统安装与调试［M］.北京:化学工业出版社,2011.

［12］梅荣娣,液压与气压传动控制技术［M］.北京:北京理工大学出版社,2012.

［13］苏启训,杨建东.气动与液压控制项目训练教程［M］.北京:高等教育出版社,2010.

［14］杨柳青.液压与气动［M］.2 版.北京:机械工业出版社,2013.

［15］许菁,刘振兴.液压与气动技术［M］.北京:机械工业出版社,2011.

［16］樊薇,曾美华.液压与气动技术［M］.北京:人民邮电出版社,2014.